impress
top gear

クラウドインフラとネットワーク入門

AWS

Amazon
Web
Services

第2版 ネットワーク入門

大澤 文孝 =著

JN032647

インプレス

はじめに

　AWS は、さまざまなサービスを構築・運用するのに必要なインフラとして、幅広く使われています。「使いたいときにすぐにサーバーを作れる」「規模や構成の変更が容易」「データベースやストレージ、さらには機械学習などのさまざまなすぐに使えるサービスが提供されている」などの使い勝手の良さだけでなく、負荷分散や冗長性の担保、バックアップなどの安全対策も考慮されているため、保守・運用コストを抑えられるのも人気の理由です。

　AWS はインフラであり、その基本となるのは、ネットワークです。それぞれの AWS 利用者には箱庭のような環境が与えられ、そこに自在にネットワークを作り、サーバーを構築していけます。こうした環境が「VPC（Virtual Private Cloud）」です。ただし、VPC という仕組みは、自由度が高いことが大きなメリットである半面、はじめて AWS を利用する人にとっては、何もない場所に放り出されたようなものでもあり、何らかのアシストがなければ、何からはじめてよいかわからない環境でもあります。

　こうした VPC 周りを解説し、AWS の初心者をアシストするのが本書の目的です。本書では、ネットワークを構築しながら、AWS におけるサーバーに相当する「EC2 インスタンス」を起動し、動く Web サーバーを作っていく方法を指南します。その過程で、AWS 独特のネットワークの作法を解説します。

　たかだか Web サーバーを作るだけでも、AWS にはクラウドならではの罠がたくさんあります。「インターネットと接続するためには、インターネットゲートウェイを配置した上でルーティングが必要」「インターネットと接続する場合も、サーバー自体はプライベート IP アドレスのまま NAT で変換される」などです。こうしたハマりどころを意識しながら、具体的なやり方を説明していきます。

　また第 2 版では、VPC と AWS サービス、もしくは、オンプレミス環境などの別のネットワークを接続するといった事例を追加しました。具体的には、PrivateLink を利用して、S3 などの AWS サービスと VPC とを接続する方法や、VPN で拠点間を接続する方法など、VPC と他のネットワークとの接続を扱った章を設けました。今後、読者の皆さんが AWS の活用を広げる上で、必ず役立つ情報となるでしょう。

　最後に、本書が AWS ネットワークの理解の一助となれば幸いです。

2022 年 9 月吉日

大澤文孝

AWS アカウントについて

　本書のサンプルで使っている VPC や EC2 などを扱うには、適切な権限を持つユーザーやロールが必要です。

　本書で解説する AWS の操作では、すでに AWS のアカウントは作成済みであり、AWS にログインして、マネジメントコンソールにアクセスできる状態を前提にしています。まだ AWS のアカウントを作成していない方は、以下に示す URL の掲載内容を参考にして、あらかじめ AWS アカウントを作成しておいてください。

https://aws.amazon.com/jp/register-flow/

セキュリティおよびコストの管理上の注意

　本書では、AWS の運用上必要となる、サービスのコスト管理や多要素認証（MFA）仮想デバイスの有効化などについては解説していません。必要に応じて各自で設定してください。また、AWS の利用前には、意図しない課金を避けるため、無料枠のサービスの範囲（条件）、各サービスの料金体系、課金レポートおよび予算設定など、十分理解した上で、AWS のサービスを利用してください。AWS が提供するユーザーガイドでは、以下の URL などが参考になります。

- Identity and Access Management ユーザーガイド
  ▷ IAM とは
  https://docs.aws.amazon.com/ja_jp/IAM/latest/UserGuide/introduction.html
  ▷ AWS での多要素認証（MFA）の使用
  https://docs.aws.amazon.com/ja_jp/IAM/latest/UserGuide/id_credentials_mfa.html

- AWS 請求情報とコスト管理
  ▷ AWS 請求とは
  https://docs.aws.amazon.com/ja_jp/awsaccountbilling/latest/aboutv2/
  billing-what-is.html
  ▷ What is AWS Cost Management
  https://docs.aws.amazon.com/cost-management/latest/userguide/
  what-is-costmanagement.html
  ▷ AWS 無料利用枠
  https://aws.amazon.com/jp/free/

本書の表記

- 注目すべき要素は、太字で表記しています。
- コマンドラインのプロンプトは、"**>**" や "**$**" で示します（**例1**）。
- コマンドラインに関する説明は、"**←**" の後ろに記しています（**例1**）。
- GUI の "**→**" は、マウスで左クリックする部分を、入力部分や参照など注目すべき部分は、四角枠で示します（**例2**）。
- 画面内のメニュー、タブ、ボタン、選択項目などを本文中で表記する場合、[インスタンス] のように "[ ]" で囲んで表記しています。

【例1】コマンドプロンプトとコメントの表記例

```
$ sudo yum install -y httpd     ← Apache のインストール
$ sudo systemctl start httpd.service     ← Apache の起動
```

【例2】画面操作

- **本書で利用したサービス**

  - Amazon EC2

  - Amazon VPC

  - NAT ゲートウェイ

  - Route 53

  - ALB

  - Amazon S3

  - AWS PrivateLink

  - AWS Site-to-Site VPN

● 本書で利用したソフトウェア

　・OS:Amazon Linux 2 AMI

　・Apache HTTP Server

　・MariaDB

　・Tera Term

謝辞

　前著から6年が過ぎ、第2版の発刊となりましたのは、皆様のおかげです。

　本書の編集担当である土屋信明氏には、読者の皆様を惑わせない構成、手順の整理、著者の勘違いの指摘など、本書を練り上げて頂いたことで、たいへん読みやすいものとなりました。

　また技術面では、本シリーズの別書籍『AWS Lambda 実践ガイド 第2版』でもお世話になった志田隼人氏に、引き続き多数のご助言を頂き、より正確に、そしてより最新の情報を盛り込むことができました。

　この場を借りまして、本書の制作にご尽力頂きました皆様に、深く感謝いたします。

○─目　次─○

CHAPTER 1　AWS におけるシステム構築 ・・・・・・・・・・・・・ 11

CHAPTER 2　仮想ネットワークの作成 ─ Amazon VPC ・・ 29

CHAPTER 1

AWS におけるシステム構築

　Amazon Web Services（以下 AWS）は、クラウドで構成された仮想的なシステムです。コンピュータやストレージ、ネットワークなど、すべてが仮想的です。契約直後の状態では、サーバーはおろかネットワーク自体もありません。ですから、システムを構築するためには、まず、仮想的なネットワークを構築することから始めなければなりません。

　仮想的なシステム構築は、従来の物理的なシステム構築と基本的な考え方は同じですが、異なる部分も少なくありません。そのため、AWS の仮想的なシステムやネットワークの構築には、最初にその違いを十分に理解しておく必要があります。そこでこの CHAPTER では、レガシーな物理インフラと AWS 環境の違いについて、その概要を解説します。

1-1 　企業 IT インフラを AWS 環境へ

　Amazon Web Services（AWS）は、2006 年からクラウドサービスの提供を始め、すでに 16 年余りを経ています。今やそのサービスは、仮想サーバー、ストレージ、ロードバランサー、といった仮想化されたサーバーやネットワークインフラ（IaaS）だけでなく、データベースサーバー、分散キュー、NoSQL、Web サーバー、といったシステム構築に不可欠なミドルウェア群、そして機械学習、ビッグデータ処理、サーバーレスといった最新のテクノロジーに至るまで、最先端の IT インフラ構築に必要なさまざまなサービスを提供しています。

　こうした AWS の進化とともに、企業におけるクラウドサービスへの適用領域は拡大してきました。初期には開発環境や Web サイトを運用する場面での利用が主な用途であったのが、しだいに基幹系や業務システムへも利用され、さらにクラウドネイティブなシステムへと広がりを見せるようになっています。すでにクラウドサービスは、IT インフラにおけるコストダウンの手段ではなく、スケーラブル、オンデマンド、マネージド、といったメリットを活かし、環境変化に対するビジネスの迅速な対応や企業の変革（イノベーション）に貢献できる、新たな IT インフラの選択肢として捉えられるようになっています。

　クラウドサービスの用途の拡大とともに、すでにクラウドインフラにおけるさまざまなソリューションが登場しています。AWS が公開する開発事例を見ると、斬新なサービスを利用し、既成の概念を覆すようなシステムが目を惹きます。また、かつて非常に高額で大規模なシステムを必要とした DWH が、AWS で安価に実現されていることに驚かされます。はじめてこうした事例に出会ったときは、まるで別次元のことのように思えるほどです。しかし、いずれの企業も最初からクラウドネイティブなシステムを構築できたわけではありません。AWS に取り組んできたほとんどの企業は、当初は既存のオンプレミスのシステムアーキテクチャをそのまま AWS に移行するところから始め、徐々にマネージドなサービスを取り込み、パブリッククラウド環境への最適化を図ってきました。こうした手法をとることで、クラウドへの移行リスクを引き下げ、確実にクラウド化のメリットを享受できるのです。

　本書でも、次節から取り上げる事例は、こうした過去の例に倣い、シンプルなオンプレミスのシステムを AWS 上のシステム構成図と対比しながら、AWS のコンポーネントに置き換えていき、徐々に複雑なシステムに発展させていきます。

1-2 　オンプレミス環境におけるネットワーク

　オンプレミス環境と AWS 環境とで何が違うのかを対比するため、ネットワークの基本に関するおさらいの意味も含め、まずは、オンプレミス環境におけるネットワーク構成を例示し、どの

ような要素で成り立っているのかを整理します。

　オンプレミス環境のネットワークは、言うまでもなく、ルーターやハブなどのネットワーク機器で構成します。インターネットに接続するのであれば、接続のための引込線も必要です。本節では例として、データベースを用いたWebサーバーをオンプレミス環境で構築する場合を考えます。

1-2-1　Webサーバーをオンプレミス環境で構成する場合

　Webサーバーとデータベースサーバーの構成には、障害対応のための冗長構成やアクセスの負荷分散など、考慮すべき点がいくつかありますが、ここではシステム構築を簡単化するため、データベースサーバーとWebサーバーを、それぞれを1つのサーバーとする、図1-1に示す構成を例として取り上げます。

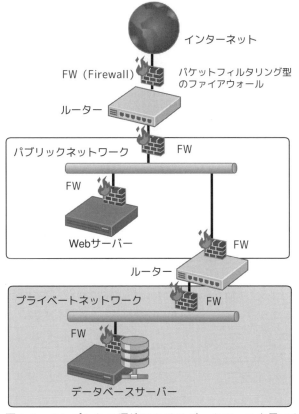

図1-1　オンプレミス環境におけるデータベースを用いた
　　　　Webサーバーの構成例

1-2-2　パブリックネットワークとプライベートネットワーク

　図 1-1 の構成では、「インターネットから直接アクセス可能な領域」と「インターネットから直接アクセス不可能な領域」の 2 つのネットワークで構成し、互いの領域（セグメント）をルーターで接続しています。

　本書では、便宜的に、前者を「パブリックネットワーク」、後者を「プライベートネットワーク」と呼びます。

　このように 2 つに分けるのは、よくある構成で、その理由は、データベースサーバーをインターネットからのさまざまな攻撃から守るためです。データベースサーバーは、Web サーバーからアクセスされるだけなので、インターネットから接続できる必要がありません。ですから、データベースサーバーをプライベートネットワークに配置することで、インターネットを経由した外部からの攻撃を避けられます。

1-2-3　パブリック IP アドレスとプライベート IP アドレス

　インターネットから Web サーバーにアクセスするには、パブリック IP アドレス（グローバル IP アドレス）を用います。図 1-1 の例であれば、パブリックネットワークに配置した Web サーバーやルーターにはパブリック IP アドレスを割り当てます。

（1）パブリック IP アドレス

　パブリック IP アドレスは、インターネット上で唯一無二の IP アドレスです。インターネット引込線を契約したプロバイダやデータセンターなどから指定されたものを設定します。

Memo　パブリック IP アドレスとグローバル IP アドレス

　パブリック IP アドレスとグローバル IP アドレスという用語は、同じ意味です。AWS においては、通常パブリック IP アドレスという用語が使われるため、本書でもパブリック IP アドレスで統一します。

（2）プライベート IP アドレス

　一方、プライベートネットワークに配置されたデータベースサーバーは、インターネットからアクセスする必要がないので、プライベート IP アドレスを設定します。

　プライベート IP アドレスは、インターネットで利用されることがない IP アドレスで、誰もが自由に使用できます。使用可能な IP アドレスの範囲は、**表 1-1** に示す通りです。

表 1-1 プライベート IP アドレスの範囲

クラス	使用可能な IP アドレスの範囲
クラス A	10.0.0.0〜10.255.255.255
クラス B	172.16.0.0〜172.31.255.255
クラス C	192.168.0.0〜192.168.255.255

1-2-4　ファイアウォールを構成する

コンピュータネットワークの運用において、外部からの攻撃への対応は避けて通れません。そのため、ネットワークの接続点にはファイアウォールを設けるのが一般的です（図中では FW と表記）。

ファイアウォールには、いくつかの種類がありますが、よく使われる基本的なものが、パケットフィルタリングです。TCP/IP のパケットを見て、送信元や宛先の IP アドレス、プロトコル、TCP や UDP のポート番号によって、通過の可否を決めます。

Web サーバーとデータベースサーバーには、たとえば、次のように設定します。

（1）Web サーバーへの設定

- Web サービスを提供するため、「ポート 80 番（http://）」と「ポート 443 番（https://）」のみを許可する。
- 社内などから管理・設定するため、社内の IP アドレスに限って、「ポート 22 番（SSH）」を許可する。
- 上記以外は、すべて許可しない。

（2）データベースへの設定

- Web サーバーとの通信のみを許可する。
- 上記以外は、すべて許可しない。

1-2-5　AWS に置き換えるときに考慮すべきポイント

オンプレミスから AWS に移行するとき、これまでに説明したさまざまな物理的な要素を、どのようにして、AWS で提供される仮想的な要素に置き換えるかを検討しなければなりません。その際、ポイントになるのは、次の 3 つの要素です。

（1）ネットワーク全体

AWS においてネットワークをどのように構成するのか。具体的に言えば、ネットワークの構築、IP アドレスの割り当てやインターネットへの接続、ルーティングなどの設定です。

（2）サーバー

AWS においてサーバーをどのように構成し、どうやって管理するのか。具体的には、サーバーの CPU 数、メモリ容量、ストレージの種類と容量、サーバー OS、などに何を選択し、リモートからどのように操作するかなどです。

（3）ファイアウォールとセキュリティ

システムを安全に運用するには、ファイアウォール（パケットフィルタリング）とセキュリティを、どのように構成するのか。具体的に言えば、サーバー個別に設定するファイアウォールとネットワーク全体のファイアウォール設定の組み合わせ方です。

1-3 データセンターとしてみたときの AWS

AWS はクラウドサービスで、利用者から見た場合、ふだん、どこで運用されているのかを気にする必要はありません。しかし当然、物理的なサーバー、ネットワーク機器、ストレージで運営されており、そうした機器は、Amazon Web Services 社（日本法人はアマゾンウェブサービスジャパン合同会社）が保有するデータセンターのなかにあります。

まずは、このデータセンターが、どのような構成になっているのかを見ていきましょう。

1-3-1 リージョンとアベイラビリティゾーン

AWS は、全世界にまたがる地域で運営されています。それぞれの地域のことをリージョン（region）と言います。リージョンは都市名で示されていますが、代表都市名が示されているにすぎません。たとえば「東京リージョン」は、東京都にあるという意味ではなく、「東京の近辺にある」という意味です。また、リージョンによって、提供されているサービスの種類や価格は、若干異なります。新しいサービスが一部のリージョンで先行して提供される場合もあります。本書の執筆時点（2022 年 8 月）で提供されているリージョンは 26 箇所の地域です（**図 1-2**、**表 1-2**）。

リージョン同士は、AWS が保有するネットワーク設備で互いに接続されています。リージョン同士が接続されたものが AWS 全体であり、このネットワーク全体を、**AWS グローバルインフラストラクチャ**と言います。

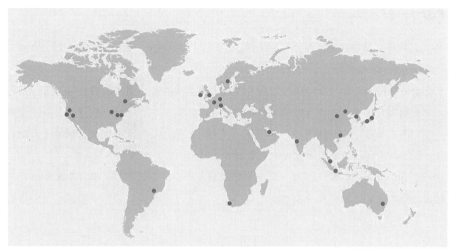

図1-2　AWS はリージョン単位でサービスが提供される
（出典：https://aws.amazon.com/jp/about-aws/global-infrastructure/　オリ
ジナルの画像から現在提供されているリージョンのみを掲載）

表1-2　主な AWS のリージョン

名称	英語表記	略称	補足
北バージニア	US East (N. Virginia)	us-east-1	最新のサービスは、このリージョンから始まることが多く、すべての AWS サービスが使える
オレゴン	US West (Oregon)	us-west-2	
北カリフォルニア	US West (N. California)	us-west-1	
サンパウロ	South America (Sao Paulo)	sa-east-1	
アイルランド	EU (Ireland)	eu-west-1	
フランクフルト	EU (Frankfurt)	eu-central-1	
シンガポール	Asia Pacific (Singapore)	ap-southeast-1	
東京	Asia Pacific (Tokyo)	ap-northeast-1	日本国内のリージョン
大阪	Asia Pacific(Osaka)	ap-northeast-3	日本国内のリージョン
シドニー	Asia Pacific (Sydney)	ap-southeast-2	
ソウル	Asia Pacific (Seoul)	ap-northeast-2	
ムンバイ	Asia Pacific (Mumbai)	ap-south-1	
北京	–	–	中国を拠点とする企業と多国籍企業の中から選ばれたグループのみ利用可能
GovCloud	AWS GovCloud (US)	us-gov-west-1	米国政府向け。それ以外のユーザーは利用できない

■ 日本のリージョン

2022 年 8 月現在、日本にあるリージョンは、「東京リージョン（ap-northeast-1）」と「大阪リージョン（ap-northeast-3）」の 2 つです。

データを海外に持って行けないような縛りがあるシステムを運用する場合は、このどちらかのリージョンを利用します。そうした縛りがなくても、エンドユーザーから遠いとレイテンシ（遅延時間）が大きくなるため、国内のエンドユーザーを対象としたインフラを構築する場合は、これらのリージョンを利用することがほとんどです。

大阪リージョンは後発のリージョンであり、東京リージョンほど多くの AWS サービスを利用できません。そのため、東京リージョンを中心に、大阪リージョンをサブで使うという構築が一般的です。

■ データセンターに相当するアベイラビリティゾーン

それぞれのリージョンにおいて、実際にサービスを提供する拠点となるのが**アベイラビリティゾーン**（Availability Zone。略して「AZ」と表記される）です（図 1-3）。

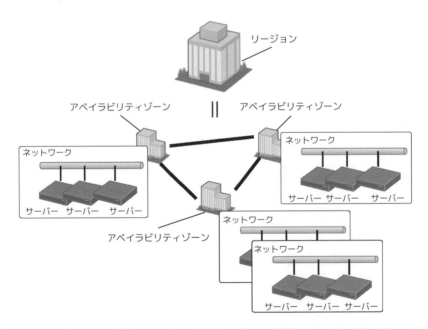

図 1-3　リージョンは、複数のアベイラビリティゾーンで構成され、それぞれでネットワークやサーバーを運用する

アベイラビリティゾーンは、サービスを提供するデータセンター群のことです。それぞれのアベイラビリティゾーンは、電気的、物理的、ネットワーク的に隔離されています。たとえば東京

リージョンは、「X 地域のデータセンター群と Y 地域のデータセンター群」で運営されます。1 つのリージョンが、いくつのアベイラビリティゾーンで構成されるのかは、リージョンごとに異なります。また、実際の場所は非公開です（たとえば、X が東京都 ○○ 市、Y が千葉県 ○○ 市など）。

リージョンが複数のアベイラビリティゾーンで構成されているのは、障害対策のためです。たとえば、万一、X というアベイラビリティゾーンで障害が発生しても、Y というアベイラビリティゾーンには波及しません。ですから、もし、サーバーを冗長構成したいときには、それぞれのサーバーを異なるアベイラビリティゾーンに設置するように構成します。

AWS のネットワークは、このアベイラビリティゾーン単位で分割されており、互いに AWS の高速な通信線で接続されています。同一アベイラビリティゾーン内の通信が、最も高速です。アベイラビリティゾーンをまたぐ通信は、同一アベイラビリティゾーンよりわずかに劣り、若干の通信費用がかかりますが、1TB でもわずか 10 円足らずなので、通常は気になりません。

■ リージョンを分けて災害に備える

地震や災害などで、1 つのリージョンの地域が壊滅したら、アベイラビリティゾーンが全滅することもあり得ます。こうした大災害に備えるには、別のリージョンにバックアップを構成します。AWS には、大阪リージョンがありますから、東京リージョンと大阪リージョンを組み合わせれば備えられます。

もし大阪も壊滅するところまで想定するのであれば、海外のリージョンと組み合わせれば、地球規模での可用性を実現できます。

1-3-2　仮想的なモノの実体は、どこかのアベイラビリティゾーンにある

AWS はクラウドサービスなので、構築する仮想ネットワークや仮想サーバーが、どこにあるのかが目に見えるわけではありません。しかしこれらのサービスを提供するのは、アベイラビリティゾーンです。必ずどこかのアベイラビリティゾーンを構成するデータセンター群のなかに実在します。

1-4　AWS のネットワークとサービス

このように AWS は、リージョンとアベイラビリティゾーンで構成された AWS グローバルインフラストラクチャで運営されています。

こうしたインフラで、さまざまなサービスが提供されているのですが、サービスの種類によって、どの場所で、そして、どのようなネットワークに接続されるのかが異なります。

1-4-1 サービスの範囲

サービスの種類によって、まず、グローバル、リージョン、アベイラビリティゾーンの、どの範囲で提供されるのかが異なります（図1-4）。

AWSグローバルインフラストラクチャ

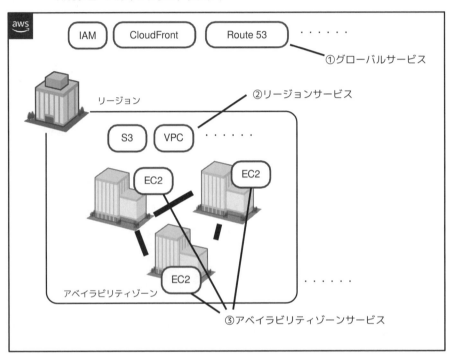

図1-4　AWS のネットワークとサービスの範囲

① グローバルサービス

AWS 全体に渡るサービスです。代表的な例は、ユーザーアカウントやグループを管理する「IAM（AWS Identity and Access Management）」、CDN（Content Delivery Network）を提供する「CloudFront」、DNS を提供する「Route 53」などです。

グローバルサービスは、AWS グローバルインフラストラクチャ全体で冗長化されています。つまり、いくつかのリージョンで冗長化構成がとられており、一部のリージョンが障害を受けても、全体として影響を受けることはありません。たとえば CDN サービスの CloudFront は、世界各国にキャッシュのサーバーがあり、それらのサーバーが連携して動作しています。

② リージョンサービス

リージョンごとに作成および管理するサービスです。本書の主題である「VPC（Virtual Private Cloud）」と呼ばれる仮想ネットワークや「S3（Amazon Simple Storage Service）」と呼ばれるストレージサービスなど、大半の AWS サービスは、リージョンサービスです。

CHAPTER 2 からは、実際に、AWS にネットワークを構成していきますが、その操作を行う画面では、最初にリージョンを選びます。リージョンサービスは、それぞれのリージョンが独立しているため、あるリージョンで作成したら、それが別のリージョンに自動的に移動するようなことはありません。たとえば、ある AWS リソースを東京リージョンに作成したら、それはずっと東京リージョンにあり続けます。

リージョンサービスは、リージョン単位で冗長化されています。つまり、いくつかのアベイラビリティゾーンで冗長構成がとられており、一部のアベイラビリティゾーンが障害を受けても、全体として影響を受けることはありません。

③ アベイラビリティゾーンサービス

アベイラビリティゾーンごとに作成および管理するサービスです。すぐあとに登場しますが、仮想サーバーを構成する EC2（Amazon Elastic Compute Cloud）など、IaaS サービスのほとんどは、アベイラビリティゾーンサービスです。つまり、作成する際に、どのリージョンのどのアベイラビリティゾーンに作るのかまでを設定し、一度、作成したら、そこから自動で移動することはありません。すなわち、東京リージョンの X というアベイラビリティゾーンで何か作れば、それはそこから別の場所に移動することは、決してありません。

アベイラビリティゾーンサービスは、冗長化されていません。つまり、あるアベイラビリティゾーンが障害を起こすと、復旧まで、そのサービスが利用できない、もしくは、最悪の場合、復旧できない可能性もあります。

1-4-2　非 VPC サービスと VPC サービス

AWS には、グローバルなネットワークとプライベートなネットワークがあり、どちらを利用するのかは、サービスの種類によって異なります。前者に接続するサービスは「非 VPC サービス」、後者に接続するサービスは「VPC サービス」と呼ばれます。

簡単に言うと、AWS サービスのうち、仮想サーバー（具体的には EC2）やデータベースサーバー（具体的には RDS）、負荷分散装置（具体的には ELB）などが VPC サービスで、それ以外のほとんどが非 VPC サービスです（図 1-5）。

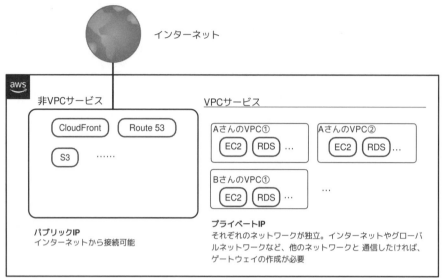

図 1-5　非 VPC サービスと VPC サービス

① 非 VPC サービス

AWS が保守管理するグローバルなネットワークに接続するサービスです。このネットワークにはパブリック IP アドレスが割り当てられており、インターネットからも利用可能です。

② VPC サービス

AWS の契約者が独自に作成する「VPC」と呼ばれる仮想ネットワークに接続するサービスです。このネットワークにはプライベート IP アドレスを割り当てて運用します。

このネットワークは、契約者ごとに閉じたネットワークです。インターネットやほかのネットワークと接続するには、なんらかのゲートウェイを配置します。具体的なゲートウェイとして、インターネットに接続するための「インターネットゲートウェイ」、AWS サービスと接続するための「VPC エンドポイント」、VPN で他のネットワークと接続する「仮想プライベートゲートウェイ」などがあります。

1-5　オンプレミス環境と同等のシステムを構成する

AWS の概要は、このぐらいにして、もう少し、具体的な話に入っていきましょう。オンプレミスにおける何が、AWS の何と対応するのかを対比しながら、代表的な機能を見ていきます。オンプレミスにおけるサーバー群は、AWS では仮想サーバーとして VPC に接続することになるため、話の中心は VPC となります。

1-5-1　AWSにおけるネットワーク構成図

オンプレミスからAWSに移行するには、サーバーやネットワークなどをAWSで提供されている各種サービスに置き換えます。その際、AWSにおけるネットワークの構成図を図示するときは、Amazon Web Services（アマゾンウェブサービス）社が提供する公式の**AWSアーキテクチャアイコン**というアイコンセットを使うのが慣例です[1]。ここでは、オンプレミスのサーバーやネットワークなどが、AWSのどのサービスに対応し、それがどのように図示されるのかを見ていきます[2]。

1-5-2　リージョンとアベイラビリティゾーンの図示

リージョンやアベイラビリティゾーンは、点線で示します。外側の旗のマークが付いた点線がリージョン、内側の細い点線がアベイラビリティゾーンです（図1-6）。図示するときは、アベイラビリティゾーン間は、線で結びませんが、暗黙的に接続されているとみなします。

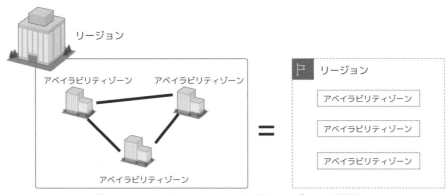

図1-6　リージョンとアベイラビリティゾーンの図示

1-5-3　仮想サーバーを構成するAmazon EC2

AWSにおける仮想サーバーを構築・運用するサービスが、Amazon Elastic Compute Cloud（以下、Amazon EC2）です。仮想サーバーでは、LinuxやWindowsなど、さまざまなOSを動かすことができます。

EC2で起動された仮想サーバーを**インスタンス**と呼びます。EC2のインスタンスは、四角形の

＊1　https://aws.amazon.com/jp/architecture/icons/
＊2　アイコンの色や形状は、アイコンのバージョンによって異なります。

ゲジゲジの付いたアイコンで示されます（図 1-7）。アイコンの内部に、その性能を示す「T2」や「M4」などの文字が書かれることもあります。

サーバー　　　　　　　　　EC2インスタンス

図 1-7　EC2 インスタンス

■ パケットフィルタリング型ファイアウォールを提供するセキュリティグループ

EC2 インスタンスとネットワークの間には、パケットフィルタリング型のファイアウォールが付けられていて、不要なパケットを除去する機能があります。これを**セキュリティグループ**と言います。

セキュリティグループは、あえて図示すると、**図 1-8** の動きとなりますが、ネットワーク構成図を描くときには、ほとんどの場合省略されます。ただし EC2 インスタンスが、特定のセキュリティグループに属することを明示したいときは、セキュリティグループを枠で示して、そのなかに EC2 インスタンスを描くこともあります。

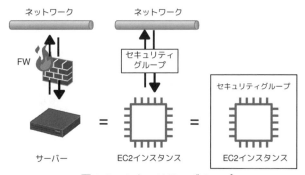

図 1-8　セキュリティグループ

なお、詳しくは CHAPTER 5 で説明しますが、既定のセキュリティグループの設定は、「**インバウンド方向は、すべて拒否**」です。そのため、明示的にセキュリティグループの設定を変更しない限り、この EC2 インスタンスにはどこからも接続できません。

 Memo　インバウンドとアウトバウンドの通信

　インバウンドとは、「外側からサーバー側」に向けた通信です。その逆の「サーバー側から外側」の通信はアウトバウンドと呼ばれます。既定のセキュリティグループの設定では、アウトバウンドに対する制限は課せられておらず、すべての通信が許可されています。

1-5-4　仮想ネットワークを構成する VPC

　すでにプライベートネットワークの部分で先行して説明しましたが、AWS において、プライベートなネットワークを構築するサービスが、Amazon Virtual Private Cloud（以下、Amazon VPC）です。Amazon VPC は、契約者ごとに、独立した仮想ネットワークを構築する機能を提供します。

　契約者は、Amazon VPC のサービスを操作して、最初に、**VPC を作ります**[3]。そのなかに、さらに細分化した**サブネット**を作ります。これが仮想的な自分専用のネットワークとなります（図1-9）。

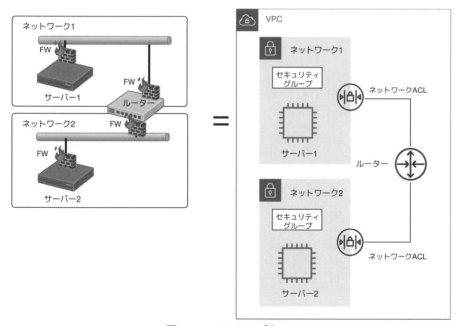

図 1-9　VPC とサブネット

＊3　VPC とは、契約者ごとに用意される仮想的なネットワークです。詳細は、CHAPTER 2 参照。

VPC は雲の形のアイコンが左上にある枠線で、サブネットは鍵のマークが左上にある枠線で、それぞれ示します（サブネットは、プライベート IP で運用する場合とパブリック IP で運用する場合とで色合いを変えて示すこともあります）。

サブネットに対しては、トラフィックの出入りを制御する**ネットワーク ACL**（Access Control List）と呼ばれる設定があり、パケットフィルタリングを構成できます。先ほど説明したセキュリティグループはインスタンスを対象としていますが、ネットワーク ACL はサブネットを対象としており、セキュリティを制御するレベルが異なります。

図 1-9 に示したように、VPC の内部にはルーターがあり、サブネットが互いに接続されています。ルーターを設置する操作をしなくても、VPC には、必ず 1 つのルーターが暗黙に置かれます。

図 1-9 では 2 つのネットワークしかありませんが、3 つ、4 つとネットワークが増えたときも同じです。暗黙的な 1 つのルーターを経由して、それらは既定で互いにつながります。

VPC にはルーターが存在するのが前提なので、図示するときには図 1-10 右側の図のように、ルーター、そしてネットワーク ACL、セキュリティグループを省略します。図 1-10 ではネットワーク 1 とネットワーク 2 とは互いに接続されていないように見えますが、AWS では、同じ VPC に属するネットワーク同士は、VPC に内蔵されているルーターによって暗黙的につながるので注意してください。

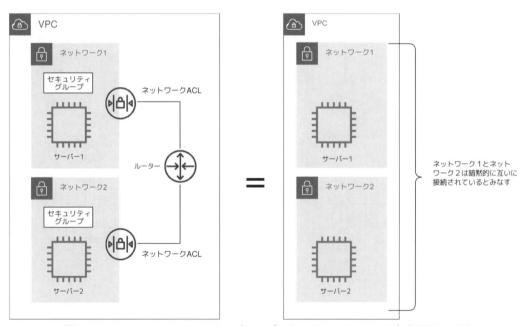

図 1-10　ルーターやセキュリティグループ、ネットワーク ACL を省略表記した例

Memo　ルーティングの設定変更

　ネットワーク1とネットワーク2が互いに接続されているのは、あくまでも既定の構成であるときに限ります。ルーティングの設定を変更すれば、ネットワーク1とネットワーク2とを接続しないように（ルーティングしないように）もできます。

1-5-5　インターネットに接続するための「インターネットゲートウェイ」

　VPCをインターネットに接続するには、VPCに対して、インターネットゲートウェイ（Internet Gateway。IGWと略される）を接続します。このCHAPTERの冒頭で紹介した「オンプレミスのデータベースサーバーとWebサーバーを運用する」という環境を、インターネットゲートウェイを使ってAWS上に構築した例を、図1-11に示します。

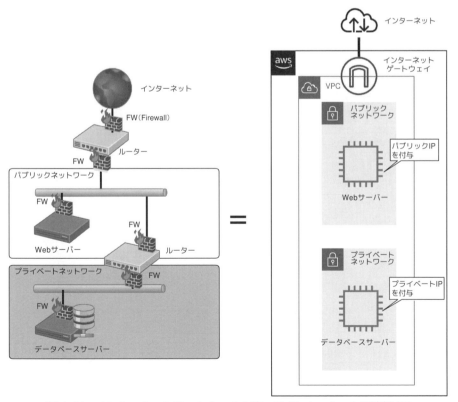

図1-11　インターネットゲートウェイを使ってインターネットに接続する

　インターネットゲートウェイを構成したあと、サブネットやサーバーに対してパブリック IP ア
ドレスを割り当て、適切にルーティングを設定すると、インターネットに接続できるようになり
ます。

1-6　　まとめ

　オンプレミスのネットワーク構成を AWS に置き換えるには、おおむね、図 1-11 のように構成
すればよいということがおわかりいただけたと思います。

　しかし図 1-11 は、概要にすぎません。この構成を実現するには、以下のような点について理
解する必要があります。本書の以降の CHAPTER では、これらを順に説明していきます。

- VPC やサブネットの作成
- EC2 インスタンスの作成
- IP アドレスの割り当て
- セキュリティグループやネットワーク ACL の設定
- インターネットとのルーティング構成
- パブリック IP アドレスや静的 IP アドレスの割り当て、ドメイン名の設定

　次の CHAPTER では、まず、AWS でネットワークサービスを提供する VPC の基本的な機能に
ついて、具体的に説明します。

CHAPTER 2

仮想ネットワークの作成 ー Amazon VPC

Amazon VPC（Virtual Private Cloud）は、クラウド上に仮想的なネットワークを構成するサービスです。サーバーなどのリソースを配置するときは、まず、VPCを作成します。VPCには、直接、仮想サーバーなどを接続することができません。仮想サーバーなどを接続するには、VPCをさらに細分化したサブネットを作成します。

VPCの作成作業は、オンプレミス環境において、ネットワークを設計して、その設定をネットワーク機器に対して適用していく作業に相当します。ただし、AWSの仮想ネットワークの構築には、独自の設定内容も少なくありません。ここではそうした点に注意しながら、実際にVPCとサブネットを作成していきます。

2-1　VPC とは

AWS のクラウド環境では、契約者ごとに独立した仮想ネットワークを作れます。Amazon VPC は、そうした仮想的なネットワークを構築するサービスです。AWS のドキュメントでは、「AWS クラウドの論理的に分離したセクションがプロビジョニングされる」と表現されています。

2-1-1　VPC とサブネット

AWS では、リージョンごとに最大 5 つ[*1]の仮想的なネットワークを作れます。これを「VPC」と言います。

VPC 同士は、完全に独立しており、異なる VPC 間で、直接通信することはできません。異なる VPC 間で通信するには、ピア接続したり VPN を構成したりする方法があり、詳細については、CHAPTER 8 で説明します。

■ VPC を切り分けてサブネットを作る

VPC を作成するときには、利用する IP アドレスの範囲を指定します。VPC を作るという操作は、「利用する IP アドレス範囲の枠組みを決める」ということだけで、まだ、実体がありません。言い換えると、VPC を作っただけでは、そこに EC2 インスタンス（仮想サーバー）を設置することはできません。

VPC を実際に使えるようにするには、VPC から IP アドレスを切り分けて「サブネット」を作り、いずれかのアベイラビリティゾーンに配置します。そうすることで、サブネット上に EC2 インスタンスなどを配置できるようになります（図 2-1）。

図 2-1 を見るとわかるように、VPC はリージョン全体をまたぎますが、サブネットは、それぞれのアベイラビリティゾーンに属します。サブネットがアベイラビリティゾーンをまたぐことはありません。

［*1］　AWS のフォームから申請して認められれば、6 つ以上作ることもできます。

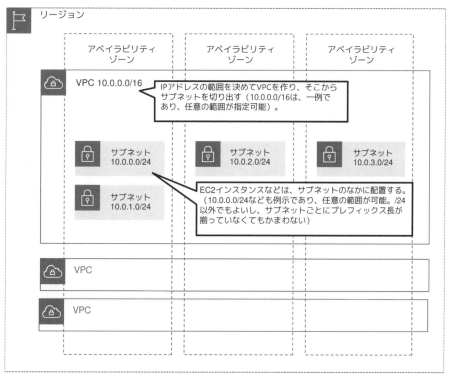

図2-1　VPCとサブネットの関係

2-1-2　VPCに割り当てるIPアドレス範囲

　AWSでネットワークを構築するときは、VPCに対して、どのようなIPアドレス範囲を割り当てるかを、事前に検討しなければなりません。IPアドレスの割り当て方しだいで、将来のネットワークの拡張性が違ってきます。

■ VPCにはプライベートIPアドレスを割り当てる

　VPCに割り当てるIPアドレス範囲は、プライベートIPアドレスのネットワーク範囲（CHAPTER 1の表1-1を参照）のなかから、任意のものを指定します。意外に思われるかもしれませんが、たとえインターネットにつなぐときでも、プライベートIPアドレスを使います。VPCに対して、直接、パブリックIPアドレスを使うことはありません。たとえパブリックIPアドレスをVPCに指定したとしても、ルーティングされないので無意味です。

　VPCをインターネットに接続するときは、**インターネットゲートウェイ**という、一種のNAT

（Network Address Translation：ネットワークアドレスを変換する機能）を構成することで、「プライベート IP アドレスに加えて、パブリック IP アドレスを追加で割り当てる」という構成にします。詳細は、CHAPTER 4 で説明します。

　なお、VPC は VPN 接続や専用線を使って、オフィス環境やオンプレミス環境などの物理的なネットワークと相互に接続することもできます（詳細は CHAPTER 8 で解説）。そのため、将来的にこうした相互接続を考慮するなら、「オフィスやデータセンターなどで利用していない IP アドレス範囲」を使うことを推奨します。

■ VPC の IP アドレス範囲は変更できない

　VPC を作るときに決めた IP アドレス範囲は、あとから変更できません。ですから、余裕を持った IP アドレス範囲を設定しておくようにしましょう。

　AWS の仕様では、VPC は、最大で 65536 個のネットワークアドレス（後述の「/16」に相当）を割り当てることができます。

 Column　CIDR ブロックの追加

　VPC に設定した IP アドレス範囲は変更できませんが、追加できます（VPC1 つ当たり最大 5 つの CIDR ブロックまで。以下のドキュメントを参照）。

　ただし、追加できる CIDR ブロックの範囲には、いくつかの制約があるので、最初から余裕を持った CIDR ブロックを割り当てておくのが無難です。

◎ Work with VPCs
https://docs.aws.amazon.com/vpc/latest/userguide/working-with-vpcs.html#add-ipv4-cidr

---

2-2　CIDR 表記について

　AWS でネットワークを示すときは、主に CIDR（Classless Inter-Domain Routing）というクラスレスアドレス表記を使用します。CIDR は、「サイダー」と読みます。ネットワークの規模や管理対象を指定する上で重要なので、CIDR 表記について、ここで少々ページを割いて説明します。CIDR についてすでにご存じの方は、本節を読み飛ばし、p.36へ進んでください。

2-2-1　ネットワーク部とホスト部

　IP（internet protocol）は、複数のネットワークが接続された環境で通信するためのプロトコルであり、宛先、送信元のホストを特定するために、32 ビットの IP アドレス（IPv4 アドレス）を使います。これは、「0〜255」までの 4 つの数字をピリオドで区切った形式で示します。1 つのパートが 8 ビットに対応し、全体で 32 ビットの数値として構成されています。32 ビットのうち一部の上位ビットは、ネットワークを識別する部分（ネットワーク部）で、残りの下位ビットがホストを識別する部分（ホスト部）です。

　CIDR は、IP アドレスに続けてスラッシュ（「/」）で区切り、そのあとにネットワーク部のビット数を示す表記です。たとえば、「10.0.0.0/16」の「/16」は、「先頭から 16 ビットがネットワーク部である」ということを示しています。

　「/16」という指定は、図 2-2 に示すように、ちょうど半々で「ネットワーク部」と「ホスト部」が分かれます。

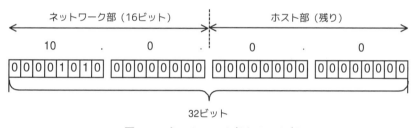

図 2-2　ネットワーク部とホスト部

　ネットワーク部は、IP アドレスをグループ化する値で、この値が同じもの同士が、互いに直接通信できることを示します。そしてホスト部は、実際にコンピュータなどの端末（ホスト）に割り当てる、重複しない値の範囲を示します。

　「10.0.0.0/16」では、先頭から 16 ビット分の「10.0」がネットワーク部で固定となるので、残る下 2 つが「0.0」〜「255.255」までホスト部として割り当てるものとなり、「10.0.0.0」〜「10.0.255.255」の IP アドレス範囲を利用するという意味になります。

　ただし TCP/IP の規約では、IP アドレスを以下のように使う決まりがあるため、実際に利用できるのは、図 2-3 に示す 65534 個です。

- 先頭は、ネットワークアドレス（この例の場合「10.0.0.0」）
- 末尾は、同報送信の際の宛先として使われるブロードキャストアドレス（この例の場合「10.0.255.255」）

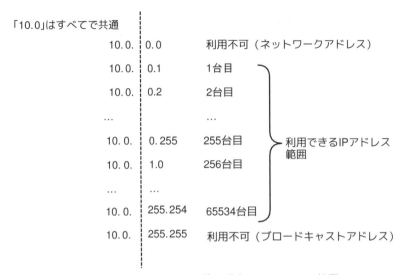

「10.0」はすべてで共通

10.0.	0.0	利用不可（ネットワークアドレス）
10.0.	0.1	1台目
10.0.	0.2	2台目
…	…
10.0.	0.255	255台目
10.0.	1.0	256台目
…	…
10.0.	255.254	65534台目
10.0.	255.255	利用不可（ブロードキャストアドレス）

利用できるIPアドレス範囲

図2-3　10.0.0.0/16 で使う場合の IP アドレス範囲

　なお、AWS の VPC の場合には、上記以外に、サブネットのルーターの IP アドレスや DHCP サーバーの IP アドレスなど、さらにいくつかの予約された IP アドレスがあるため、これよりさらにいくつか少なくなります（CHAPTER 3 の表 3-1 を参照）。

2-2-2　　ネットワークを分割する

　「10.0.0.0/16」で運用する場合は、最大 65534 台の端末を、1 つのネットワークに接続して運用することになります。

　しかし、このように数万台もの端末を 1 つのネットワークに接続した運用は、パフォーマンス的にもメンテナンス的にも望ましくないので、普通はもう少し小さい単位に分割します。

　たとえば、「10.0.0.0/24」で運用すると、ネットワーク部とホスト部の関係は、図 2-4 のようになります。この結果、図 2-5 に示すように 256 個のネットワークに分割して利用できます（ただし、これは理論上の話であり、既定では VPC1 つ当たりの最大サブネット数は 200 個まで（申請で緩和可）です）。

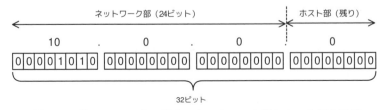

図2-4　「10.0.0.0/24」の場合のネットワーク部とホスト部の関係

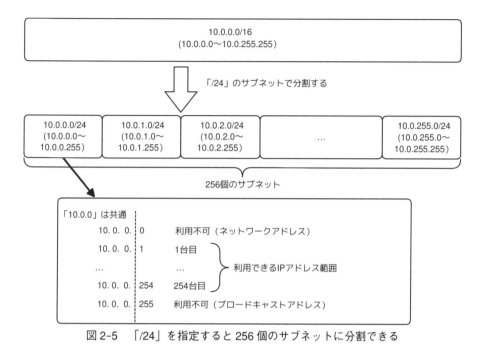

図 2-5 　「/24」を指定すると 256 個のサブネットに分割できる

2-2-3 　CIDR はネットワークの大きさを決める

CIDR は、ネットワーク部とホスト部の区切りの部分を決めるものですが、見方を変えると、ネットワークの大きさを変えるものであるとも言えます。

CIDR を左に寄せるほどネットワークは大きくなり、よりたくさんの端末を接続できるようになります。対して右に寄せるほどネットワークは小さくなり、少ない端末しか接続できなくなる一方で、利用できるネットワークの総数は増えます（図 2-6）。

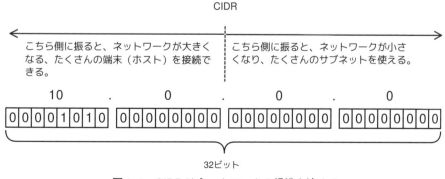

図 2-6 　CIDR はネットワークの規模を決める

AWS において、ほとんどの場合、VPC は仕様上の最大となる「/16」でよいはずです。サブネットについては、端末（ホスト、EC2 インスタンス）を何台接続するのか、いくつのサブネットに分けるのかによって、設定値を適宜調整してください。

 Column　IPv6 アドレス

VPC やサブネット、そして仮想サーバーである EC2 は、IPv6 アドレスにも対応しています。IPv6 アドレスを利用したいときは、VPC を作成する際に［IPv6 CIDR ブロック］を有効にします。既定では、AWS が保有する「/56」の CIDR ブロックが VPC に割り当てられ、それを「/64」の CIDR ブロックに分けて、サブネットとして（アベイラビリティゾーンに）割り当てます。

ここで割り当てられる IPv6 アドレスは、IPv4 アドレスと違ってパブリックな IP アドレスです。そのため、ルーティングの設定さえすれば、すぐにインターネットとつながります。既定では双方向の通信ができますが、Egress Only インターネットゲートウェイを VPC に接続して、そこを経由するように構成すると、VPC →インターネットの向きの通信だけが通るようにすることもできます。

2-3　デフォルトの VPC

それぞれのリージョンには、あらかじめ、契約者ごとに VPC が 1 つ作られています。あらかじめ用意されている VPC は、デフォルトの VPC と呼ばれており、他の VPC と、少し構成が異なります。

デフォルトの VPC という用語は、「標準で用意されている VPC」という意味であり、VPC を作った直後の、デフォルトの状態という意味ではないので注意してください。

なお、2013 年 12 月 4 日よりも前に AWS を契約したユーザーは、デフォルトの VPC が用意されていないことがあります。

2-3-1　デフォルトの VPC の構成

デフォルトの VPC は、すぐに、インターネットに接続できるようにすることを目的に作られた、特別な VPC です（図 2-7）。

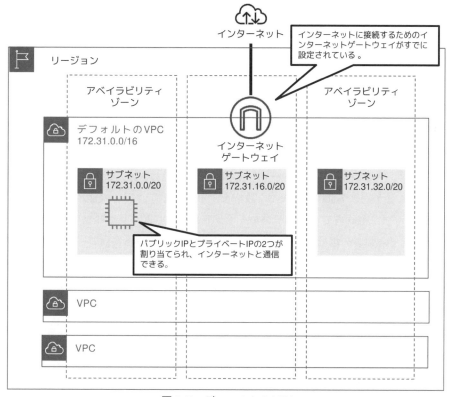

図 2-7　デフォルトの VPC

デフォルトの VPC は、次のように構成されています。

① IP アドレス範囲

　IP アドレス範囲は、「172.31.0.0/16」です。

② 構成されるサブネット

　①の IP アドレス群のなかから「/20」のサイズでサブネットが作られ、それぞれのアベイラビ
リティゾーンに配置されています。

　たとえば、仮にアベイラビリティゾーンが 3 つあるリージョンなら、以下のように各アベイラ
ビリティゾーンにサブネットが作られています。

　　　アベイラビリティゾーン X　　　　172.31.0.0/20
　　　アベイラビリティゾーン Y　　　　172.31.16.0/20
　　　アベイラビリティゾーン Z　　　　172.31.32.0/20

③ インターネットへの接続

　インターネットゲートウェイが構成されており、インターネットに接続されています。

　詳しくは CHAPTER 4 で説明しますが、このサブネットに配置された EC2 インスタンスは、パブリック IP アドレスとプライベート IP アドレスの 2 つの IP アドレスを持ち、パブリック IP からインターネットと通信できます。

2-3-2　公開したいインスタンスだけを置く

　EC2 インスタンスを、手早くインターネットに接続したいときは、このデフォルトの VPC を使うのがよいでしょう。そうすれば、複雑な設定をすることなく、その EC2 インスタンスにはパブリック IP アドレスが割り当てられ、インターネットと通信できるようになるからです。

　逆に言うと、それ以外の場面では、デフォルトの VPC を使うべきではありません。とくに、デフォルトの VPC は、インターネットと通信することが前提の設定なので、公開したくない EC2 インスタンスを置かないように注意してください。

2-3-3　デフォルト VPC とは別に VPC を作る

　デフォルトの VPC は、「既定で用意されている VPC」というだけなので、ほかの VPC と同じように、設定を変更したり、削除したりできます。つまりデフォルトの VPC をカスタマイズして、そのまま使うこともできます。しかし多くの場合、好みのネットワーク設計（CIDR ブロック、IP アドレス、アベイラビリティゾーンなど）をするため、デフォルト VPC とは別の VPC を新たに作ります。

　もっとも、デフォルトの VPC はインターネットゲートウェイが設定されていることから、EC2 インスタンスを置くだけでインターネットに接続できるため、はじめて AWS を触る人にとって、わかりやすい VPC です。ちょっと試すのが目的ならば、積極的に使うとよいでしょう。

　しかしこれは裏を返すと、EC2 インスタンスを設置した時点で意図せずにインターネットに公開されてしまい、情報漏洩が起きたり、攻撃のターゲットになったりする恐れもあるということです。

　昔は、デフォルトの VPC を削除すると復活できなかったので、デフォルトの VPC は削除や編集するなど触らないようにするのが一般的でした。しかしいまでは、デフォルトの VPC を作り直せるようになったので[2]、こうした意図しないインターネットへの公開を防ぐため、デフォルト VPC を削除して運用しているところもあります。

＊ 2　Default VPCs（デフォルトの VPC を新規に作成）
　　　https://docs.aws.amazon.com/vpc/latest/userguide/default-vpc.html#create-default-vpc

2-4　VPC とサブネットを作る

それでは、実際に VPC とサブネットを作ってみましょう。以下では次の設定を行います。

① 東京リージョンに対して、VPC として「10.0.0.0/16」を作る。この VPC の名前は「myvpc01」とする。

② ①のなかからサブネット「10.0.0.0/24」を作る。このサブネットの名前は「mysubnet01」とし、ap-northeast-1a というアベイラビリティゾーンに置く。

2-4-1　VPC の作成

◎ 操作手順 ◎　　　VPC の作成

【1】VPC メニューを開く

● AWS マネジメントコンソールのサービス一覧から VPC を選択して VPC メニューを開きます（図2-8）。

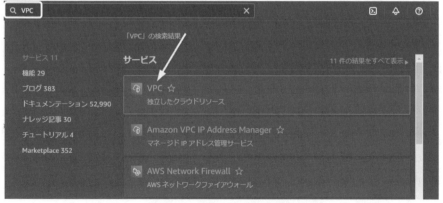

図2-8　VPC メニューを開く

【2】リージョンを選択する

- AWS マネジメントコンソールの右上で、VPC を作るリージョンを選択します。［アジアパシフィック（東京）］を選択します（図 2-9）。

  選択したリージョンは記憶されるので、この操作は、一度だけ行えば十分です。

図 2-9　リージョンを選択する

【3】VPC を作成する

- VPC を作成するため、左側から［お使いの VPC］メニューを選択します（図 2-10）。
- すでに 1 つ VPC があるはずです。これがデフォルトの VPC です。ここでは、デフォルトの VPC とは別に新しい VPC を作りたいので［VPC を作成］をクリックしてください。

図 2-10　VPC を作成する

【4】名前タグ、CIDR ブロック、テナンシーを決める

- この VPC に付ける名前を「名前タグ」として設定します。どのような名前でもかまいませんが、ここでは「myvpc01」とします（図2-11）。

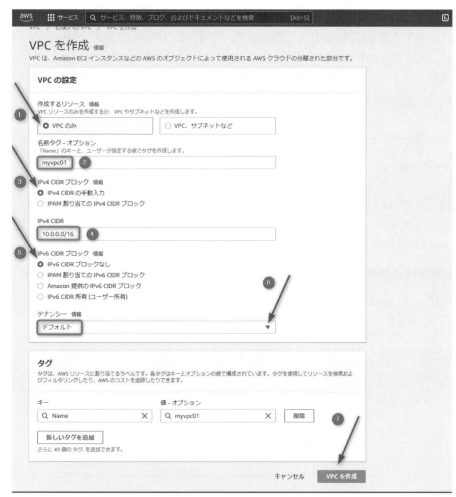

図2-11　名前タグ、CIDR ブロック、テナンシーを設定する

- CIDR ブロックは、割り当てるネットワークアドレスです。ここでは「10.0.0.0/16」を設定します。IPv6 のアドレスも指定できますが、本書では利用しません。［IPv6 CIDR ブロックなし］を選択してください

- テナンシーは、この VPC 上にインスタンスを作るときの、既定のテナント属性を設定します。

　［デフォルト］を選択した場合は、他のユーザーと共有するハードウェア上で実行されます。それに対して、［ハードウェア専有］を選択したときは、自分だけの専有ハードウェアで実行されるようになります。

　ハードウェア専有を使うと、他の AWS ユーザーの影響を受けない利点がありますが、コスト高になります。とくに理由がない場合は、［デフォルト］を選択します。

- タグは、この VPC に付ける任意のキーと値の組み合わせです。検索したり、フィルタを使用したりするときに使います。［名前タグ］に入力した内容が自動的に Name というキーに設定されます。それ以外のタグを追加することもできますが、ここでは追加のタグは設定しません。

- 右下の［VPC 作成］ボタンをクリックすると、VPC が作られます。

 Column　　VPC とサブネットを同時に作る

　図 2-11 において、［作成するリソース］で、［VPC、サブネットなど］を選択すると、図 2-12 の画面に切り替わり、VPC と合わせてサブネットを作り、それからいくつかの追加オプションも同時に設定できます。

図 2-12　VPC とサブネットを同時に作る

 Column　　IPAM プールから選択する

　IPv4 CIDR ブロックの設定欄では、「10.0.0.0/16」のように設定したい範囲を直接入力する以外に、［IPAM 割り当ての IPv4 CIDR ブロック］を選択して選ぶこともできます。

　IPAM（Amazon VPC IP Address Manager）とは、IP アドレスの割り当てを管理するため

の仕組みです。IP アドレスがかち合うと正しく通信できないため、ネットワークを設計すると
きは、IP アドレスの範囲や用途、使用状況などを表などで管理するのが通例です。こうした情
報をまとめて管理できるサービスが IPAM です。

　ネットワークが複雑であったり、管理するインスタンスがたくさんあったりする場面では、IP
アドレス範囲を IPAM に登録しておいて、VPC では、そこから選ぶようにすると、IPAM の管
理ページから、現在の IP アドレスの空きや使用状況などがわかるようになります。

2-4-2　　サブネットの作成

VPC を作成したら、その VPC のなかにサブネットを作ります。

◎ 操作手順 ◎　　　　サブネットの作成

【1】サブネットを作成する

- 左メニューから［サブネット］をクリックしてください。すると、サブネット一覧が表示さ
  れます（図 2-13）。

デフォルトの VPC に割り当てられているサブネットが、いくつかあるはずです。

- 新たにサブネットを作成するため、［サブネットを作成］をクリックしてください。

図 2-13　サブネットを作成する

【2】 VPC、サブネット名、アベイラビリティゾーン、CIDR ブロックを決める

- まずは［VPC ID］の部分で、対象の VPC を選択します。ここでは先ほど作成した「myvpc01」を選択します（図 2-14）。

- このサブネットに付ける名前を「サブネット名」として設定します。どのような名前でもかまいませんが、ここでは、「mysubnet01」とします。

- アベイラビリティゾーンには、配置したいアベイラビリティゾーンを指定します。

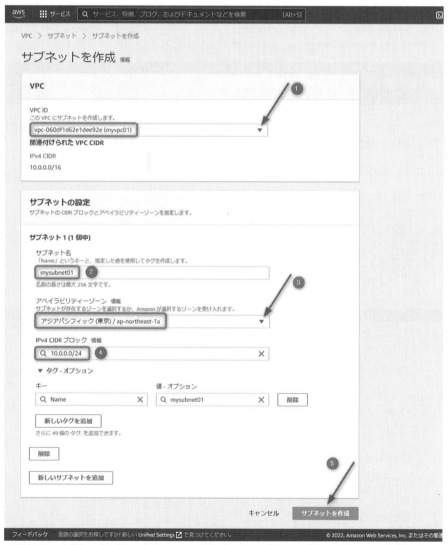

図 2-14　VPC、サブネット名、アベイラビリティゾーン、CIDR ブロックを設定する

　本書の執筆時点では、東京リージョンには、「ap-northeast-1a」「ap-northeast-1c」「ap-northeast-1d」の3つのアベイラビリティゾーンがあります。どれを選んでもかまいませんが、ここでは、「ap-northeast-1a」を選択することにします。なお、［指定なし］を選択したときには、どれかがランダムに設定されます。

- CIDR ブロックは、割り当てるネットワークアドレスです。指定した VPC の一部でなければなりません。ここでは「10.0.0.0/24」を指定します。
- タグは、このサブネットに付ける任意のキーと値の組み合わせです。［サブネット名］に入力した内容が自動的に Name というキーに設定されます。それ以外のタグを追加することもできますが、ここでは追加のタグは設定しません。
- 右下の［サブネットを作成］ボタンをクリックすると、サブネットが作られます。

図 2-15　作られたサブネット

　以上でサブネットの作成は完了です。図 2-15 に示すように、新しく「mysubnet01」という名前のサブネットができたことがわかります。

Memo　ネットワーク ACL の設定

　VPC やサブネットを作った直後は、そのサブネットに対する「ネットワーク ACL（パケットフィルタリングのこと）」は、「すべて許可する構成」が自動的に設定されます。ネットワークACL については、CHAPTER 5 で説明します。

2-5　まとめ

この CHAPTER では、VPC とサブネットの作成について説明しました。

① VPC

- AWS の契約者が作成できる独立した仮想ネットワークのこと。リージョンごとに作る。その際、利用するプライベート IP アドレス範囲を、CIDR ブロックとして設定する。

② サブネット

- ①をさらに分割して、アベイラビリティゾーンに配置したもの。既定では、サブネット同士は、互いに通信可能なように構成される。

③ デフォルトの VPC

- それぞれのリージョンに、最初に用意されている VPC。インターネットゲートウェイが構成されており、ここに配置した EC2 インスタンスは、インターネットからアクセスできる。本書では、利用しない。

次の CHAPTER では、この CHAPTER で作成したサブネットに EC2 インスタンスを配置し、サブネットでは、どのように IP アドレスが設定されるのかを見ていきます。

CHAPTER 3

EC2 インスタンスと IP アドレス

　前の CHAPTER では、VPC を作成し、さらにそのなかにサブネットを作成しました。この CHAPTER では、そのサブネットに EC2 インスタンスを配置していきます。

　サブネットに EC2 インスタンスを配置すると、サブネットに割り当てたプライベート IP アドレス範囲のいずれかが EC2 インスタンスに割り当てられ、その IP アドレスを使って通信可能になります。

　この CHAPTER では、IP アドレスの割り当てられ方を中心に、EC2 インスタンスの起動方法やインスタンスタイプの選び方、利用するストレージや提供されている OS のディスクイメージについても説明します。

3-1 EC2 インスタンスに割り当てられる IP アドレス

サブネットに EC2 インスタンスを配置すると、プライベート IP アドレスが 1 つ以上、自動で割り当てられます。まずは、その割り当てルールと仕組みを説明します。

3-1-1 ネットワークインターフェイス「ENI」

物理サーバーでは、ネットワークに接続するのにネットワークインターフェイスカード（NIC：Network Interface Card）を使います。AWS において、NIC に相当するのが、「ENI（Elastic Network Interface）」です[1]。

ENI は、仮想的なネットワークインターフェイスカードです。EC2 インスタンスを作るときには、一緒に新しい ENI が作られ、それがアタッチされるのが既定の挙動です（図 3-1）。

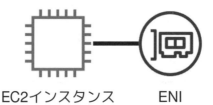

EC2インスタンス　　　ENI

図 3-1　ENI は EC2 インスタンスのネットワークカードに相当する

3-1-2 IP アドレスを割り当てる DHCP サーバー

AWS のサブネット上では、DHCP サーバー機能が動作しています。そのため、サブネットに EC2 インスタンスを設置して起動すると、その DHCP サーバーから ENI に対して、サブネットで利用可能なプライベート IP アドレスが動的に割り当てられます（図 3-2）。なお、サブネットに設置された DHCP サーバー機能を止めることはできません。

＊1　EC2 インスタンスには、複数の ENI を設定できます。必要があれば、ENI を追加して、複数のサブネットに接続する構成にもできます。

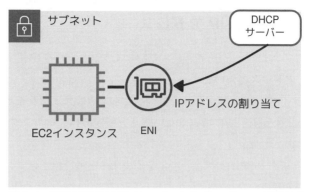

図 3-2　ENI には DHCP サーバーから IP アドレスが割り当てられる

　サブネットに割り当てられた IP アドレスのうち、表 3-1 に示す IP アドレスは予約されており、利用できません。

表 3-1　予約されている IP アドレス

IP アドレス	用途
先頭	ネットワークアドレスとして使用
先頭+1	VPC ルーターで使用
先頭+2	Amazon が提供する DNS へのマッピング用に予約
先頭+3	将来のための予約
末尾	ブロードキャストアドレスとして予約（ただしブロードキャストの機能は、VPC ではサポートされない）

　DHCP サーバーから割り当てられるのは、これらの予約アドレスと、次に説明する「手動で設定したアドレス」を除外した、いずれかの IP アドレスです。割り当てる IP アドレス範囲をカスタマイズして変更することはできません。

Memo　末尾のブロードキャストアドレス

　末尾はブロードキャストアドレスとして予約されていますが、ブロードキャストとしての機能はサポートされていません。つまり、このアドレスにデータを送信しても、接続されているすべてのホストから応答が戻ってくるわけではありません。

3-1-3　プライマリプライベート IP アドレスとセカンダリプライベート IP アドレス

　ENI は、1 つ以上のプライベート IP アドレスを持ちます。1 つめの IP アドレスのことをプライマリプライベート IP アドレスと言います。

　追加して、別のプライベート IP アドレスを持つこともできます。これをセカンダリプライベート IP アドレスと言います（明示的に指定しない限り、既定では、セカンダリプライベート IP アドレスは付きません）。

　プライマリプライベート IP アドレスは、ENI を作成するとき（EC2 インスタンスを作成するとき）に定まり、以降、変更されることはありません。つまり、たとえば DHCP サーバーによって、一度、「10.0.0.5」というプライマリプライベート IP アドレスが割り当てられたとすると、以降は、ずっと「10.0.0.5」のままです。それに対して、セカンダリプライベート IP アドレスは、手動で設定したり変更したりできます。

3-1-4　IP アドレスの手動割り当て

　ENI には、手動で任意の IP アドレスを設定することもできます。セカンダリプライベート IP アドレスは、いつでも変更できますが、プライマリプライベート IP アドレスは ENI を作成するときに決まるため、プライマリプライベート IP アドレスを任意の IP アドレスにしたいのなら、「ENI を作成するとき（EC2 インスタンスを作成するとき）」に、設定したい IP アドレスを指定します。

　詳しくは、「3-2　EC2 インスタンスの設置」にて説明しますが、EC2 インスタンスを作るときに、［高度なネットワーク設定］の項目を開くと、設定画面には、IP アドレスを指定する箇所があります（図 3-3）。

図 3-3　EC2 インスタンスを作成するときに任意の IP に設定する

　この設定で任意の IP アドレスにすれば、EC2 インスタンスにはその IP アドレスが割り当てられるようになります。そうでない場合は、はじめて起動したときに IP アドレスが自動で決まります。どちらの場合も、以降、ENI に割り当てられる IP アドレスを他の IP アドレスに変更することはできません（図 3-4）。

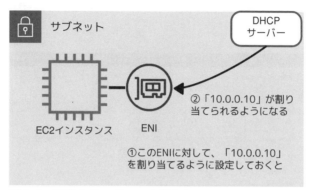

図 3-4　手動で IP アドレスを指定すると、いつでもその IP
アドレスが割り当てられる

　EC2 インスタンスを起動したあとに、どうしても変更したいときには、EC2 インスタンスを作り直すか、新しく ENI だけを作って、その EC2 インスタンスにアタッチする（つまり ENI を付け替える）ようにします（p.71 の Column「EC2 インスタンス作成後に変更できない項目を変更する」を参照）。

3-1-5　　インスタンスの IP 設定は常に DHCP にする

　手動で IP アドレスを設定する場合の動作は、「その ENI に対して、常に同じ IP アドレスを割り当てるように DHCP サーバーの設定を変更する」という意味であり、DHCP サーバーを使用することに変わりはありません。そのため、EC2 インスタンスにインストールする OS の「IP アドレスの取得方法」に関する設定は、たとえ手動の IP アドレスを利用する場合でも、DHCP を利用するように構成します。**OS 側の設定ファイルに、利用する IP アドレスを記述して、固定化してはいけません。**

　AWS において、IP アドレスを割り当てるのは、常にサブネットの DHCP サーバー機能です。EC2 インスタンスが、サブネットの DHCP サーバー機能を無視して、勝手な IP アドレスを利用することは許されません。

3-1-6 DHCP サーバーのオプションは VPC 単位で指定する

DHCP サーバーでは、DNS サーバーや既定のドメイン名などを指定することもできます。そうした DHCP サーバーのオプションは、VPC 単位で指定します。

AWS マネジメントコンソールで VPC を確認すると、[DHCP オプションセット] という項目があるのがわかります（図 3-5）。

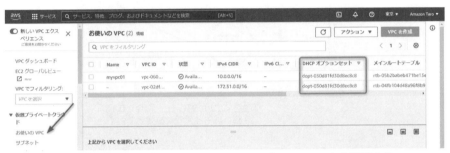

図 3-5　VPC に設定されている DHCP オプションセットを確認する

VPC ごとにあらかじめ既定の DHCP オプションセットが設定されており、クリックすると、その内容を確認できます（図 3-6）。

図 3-6　DHCP オプションセットを確認する

図 3-6 を見るとわかるように、既定の構成では、以下のオプションが指定されています（既定のドメイン名は、リージョンによって異なります）。

　　ドメイン名：ap-northeast-1.compute.internal
　　ドメインネームサーバー：AmazonProvidedDNS

　この設定によって、EC2 インスタンスには、「`XXX.ap-northeast-1.compute.internal`」というドメイン名が付きます（XXX の部分は、`ip-10-0-0-4` など IP アドレスを基に生成された名称です）。もし、「`XXX.local.example.co.jp`」のような自社ドメインを使いたいときには、新しい DHCP オプションセットを作成し、それを VPC に適用するとよいでしょう。

3-2　EC2 インスタンスの設置

　IP アドレスの割り当てルールを説明したところで、実際にサブネットに EC2 インスタンスを配置して、その動作を見ていきましょう。

3-2-1　サブネットに EC2 インスタンスを設置する

　ここでは、CHAPTER 2 で作成した「`mysubnet01`」というサブネット上に、EC2 インスタンスを設置してみます。

　`mysubnet01` は「10.0.0.0/24」として構成しました。前掲の**表3-1**に示したように「先頭+3 まで」と「末尾」は予約されているので、このサブネットに EC2 インスタンスを配置すると、10.0.0.4〜10.0.0.254 のいずれかの IP アドレスが割り当てられるはずです（**図3-7**）。

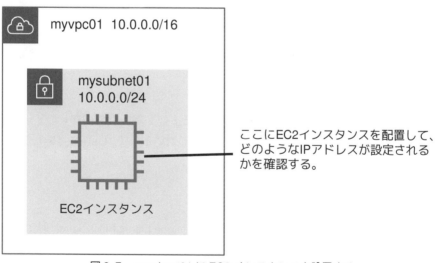

図3-7　mysubnet01 に EC2 インスタンスを設置する

3-2-2　EC2 インスタンスの種類

　AWS では、性能が異なるさまざまな EC2 インスタンスタイプが提供されています。EC2 インスタンスは、稼働時間 1 時間当たりの従量課金で（1 秒単位での課金。ただし最小課金単位は 60 秒）、高性能なインスタンスタイプほど高価です。

　本書の例のように実験するだけなら、低スペックで価格の安いインスタンスタイプを選べば十分です。しかし実際に運用する場合には、コストとパフォーマンスの兼ね合いで、求められるシステムの要求に応じた適切なインスタンスタイプを選ぶ必要があります。

■ 性能の違いを決める項目

　インスタンスの性能は、主に次の 7 項目で決まります。

① CPU 性能

　ほとんどのインスタンスタイプは、CPU パワーが固定です。しかし後述する T シリーズのインスタンス（T2 や T3 など）だけ、負荷が高まったときに一定範囲内で一時的に性能を向上させるバースト機能を搭載しています。

② メモリ

　搭載されているメモリ容量です。キャッシュサーバーとして使いたい場合や大量のデータを解析したい場面では、たくさんのメモリが搭載されているインスタンスタイプを選ぶとよいでしょう。

③ GPU

　インスタンスタイプによっては、GPU を搭載しているものもあります。3D レンダリングや GPU に対応した機械学習ソフトウェアを使って高速に演算したいときは、GPU に対応したインスタンスタイプを選ぶようにします。

④ ストレージとの接続速度

　EC2 インスタンスでは、後述する「Amazon EBS（Amazon Elastic Block Store。以下、EBS）」というストレージにデータを保存します。

　インスタンスタイプによっては、EBS と接続するバス幅が異なり、より高速にアクセスできるものがあります。

⑤ インスタンスストアの有無

　インスタンスタイプによっては、停止すると失われる揮発性のディスクを備えているものがあります。これをインスタンスストアと言います。

　インスタンスストアは、EBS よりも高速にアクセスできるストレージです。インスタンスタイプによって、HDD と SSD の 2 種類があります。

⑥ ネットワーク性能

　インスタンスタイプによって、ENI がサポートする最大通信速度が異なります。

⑦ ネットワークインターフェイス数や IP アドレスの制限

　インスタンスタイプによって、追加できる ENI の最大数や、それぞれの ENI に設定できる IP アドレスの最大数が異なります。

■ 主なインスタンスタイプ

　インスタンスタイプは用途別に分かれており、「用途名.性能」という表記で示します。たとえば、「t2.micro」は「T2 インスタンスの micro 性能（小さい性能）」のインスタンスという意味です。「T2」は、「T シリーズの 2 世代目」という意味です。

（1）性能

　性能は、「CPU 性能」と「ネットワークパフォーマンス」を定めるもので、次のものがあります。

「nano」「micro」「small」「medium」「large」「xlarge」「2xlarge」「4xlarge」… 「32xlarge」…

　実験や開発用であれば「nano」や「micro」を使います。とくに「t2.micro」は、1 カ月に 750 時間までは、AWS 契約から 1 年間の無償枠の対象なので、実験用としてよく使われます。一般的な実運用では、用途に応じて「small 以上」、標準的なサーバーでは「medium」をよく使います。

（2）用途

　用途は、主に次の 8 種類に分けられます。新しい種類が登場したり、古い種類が廃止されたりするので、シリーズごとに理解するとよいでしょう。

　なお「T3a」「T4g」「M5n」など、後ろに小文字のアルファベットが付くものもあります。これらは CPU の種別や動作環境を示すもので、「a：AMD プロセッサ」「g：ARM ベースのプロセッサ」「n：AWS Nitro System と呼ばれる新しいハイパーバイザで実行される」などという意味です。

① T シリーズ（T2・T3 インスタンスなど）

【主な用途】　Web サーバー、開発者環境、小規模なデータベースなど、常にフルパワーで使わず、アイドル時間とアクティブ時間の CPU 性能の差が大きい汎用サーバー。

　ターボブーストを備えたサーバーです。アイドル時間のときに CPU 性能をクレジットとして溜め、負荷が高くなったときに溜めておいたクレジット分を使って性能アップを図るバースト機能を持つインスタンスです。開発環境によく使います。

　インスタンスストアはありません。

② M シリーズ（M4・M5・M6 インスタンスなど）

【主な用途】　アイドル時間とアクティブ時間の CPU 性能の差が少ない汎用サーバー。データベースやキャッシュサーバーなど、高速な I/O を必要とする場面など。

　演算能力、メモリ、ネットワークのバランスがとれた汎用サーバーです。実稼働環境によく使います。M4 インスタンスにはインスタンスストアがありませんが、M5・M6 インスタンスには SSD のインスタンスストアを持つものがあります。

③ C シリーズ（C4・C5・C6・C7 インスタンスなど）

【主な用途】　高い CPU 能力を必要とする場面。Web サーバー、分析、科学計算、ビデオエンコーディングなど。

　高いプロセッサ性能を持つサーバーです。C4 インスタンスはインスタンスストアがありませんが、それ以外のインスタンスタイプには、インスタンスストアを持つものがあります。

④ X シリーズ（X1・X2 インスタンスなど）

【主な用途】　インメモリデータベースやビッグデータの処理エンジンなど、大容量のメモリを必要とする場面。

　大容量のメモリを搭載したサーバーです。SSD のインスタンスストアも備えており、大量のデータを処理するのに向きます。

⑤ R シリーズ（R4・R5・R6 インスタンスなど）

【主な用途】　高いパフォーマンスが必要なデータベース、メモリキャッシュなど、大容量のメモリを必要とする場面。

　大容量のメモリを搭載したサーバーです。X1 インスタンスほどの性能が必要ないときは、R3 シリーズのインスタンスが適しています。インスタンスストアを持つものがあります。

⑥ G シリーズ（G3・G4・G5 インスタンスなど）および P シリーズ（P2・P3・P4 インスタンスなど）

【主な用途】　3D アプリケーションストリーム、機械学習、ビデオエンコーディングなど、GPU が必要な場面。

　GPU を搭載したサーバーです。SSD タイプのインスタンスストアを搭載するものもあります。G シリーズはグラフィック特化型の GPU、P シリーズは汎用の GPU です。

⑦ I シリーズ（I2・I3 インスタンスなど）

【主な用途】　NoSQL データベースなどランダムアクセスが必要な場面。

　高速ランダム I/O パフォーマンス用に最適化された SSD インスタンスストアを搭載するものもあります。高い IOPS 性能を求める場合に適します。

⑧ D シリーズ（D2・D3 インスタンスなど）

【主な用途】　超並列処理データウェアハウス、分散ファイルシステム、ログやデータ処理など。

　大容量の HDD インスタンスストアが搭載されています。速度よりも容量を求める場合に適します。

3-2-3　ストレージの種類

　EC2 インスタンスでは、ストレージとして、EBS を使います。EBS には「HDD」と「SSD」の 2 種類があり、確保した容量（保存した容量ではなく、確保した容量なので注意してください）に対して、従量課金されます。高速なストレージほど、容量単価が高価です。

① HDD

　SSD に比べて低速な半面、たくさんの容量を安価に確保できます。「マグネティック（標準）」のほか、最大スループットが 250MB/秒の「Cold HDD（sc1）」と、500MB/秒の「スループット最適化 HDD（st1）」の計 3 種類があります。

② SSD

高速なストレージです。価格とパフォーマンスを両立した「汎用（ボリューム当たりの IOPS が 16,000）」と、パフォーマンスを重視した「プロビジョンド（同 64,000）」の 2 種類に分けられます。前者はさらにスループットによって、「gp2（250 MiB/s）」と「gp3（1,000 MiB/s）」に分かれます。後者は耐久性の違いで「io1」と「io2」の 2 種類があります。io2 は耐久性が 99.999% まで高められています（io2 以外は、すべて 99.8% - 99.9%）。

性能と価格のバランスから、高パフォーマンスが要求されない場面では、多くの場合「汎用 SSD（gp2）」を利用します。

3-2-4　OS は AMI で指定する

EC2 インスタンスにはブートディスクとなるストレージが必要なので、1 つ以上の EBS を接続して運用します（図 3-8）。必要なストレージの容量は、利用する OS によって異なります。

図 3-8　ストレージとして EBS を設定する

OS は、AMI（Amazon Machine Image）というディスクイメージで提供されています（図 3-9）。AMI は、OS やアプリケーションなどのディスクイメージと、ブートの設定情報などが記載されたファイルです。

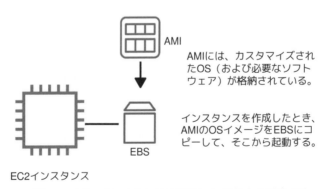

図 3-9　EC2 インスタンスは指定した AMI から起動する

AWS では、さまざまな AMI が提供されています。日本国内でよく使われているのは、AWS が
サポートおよび保守管理している「Amazon Linux 2」という AMI です。RHEL（Red Hat Enterprise
Linux）ライクな Linux システムで、AWS 用の管理ツールなどが追加されるなど、AWS 向けの機
能が追加されています。

ほかにも、Ubuntu の AMI や Windows Server の AMI などもあります。また VPN サーバーなど、
特定の機能が構成された AMI や、WordPress などのソフトがあらかじめインストールされた AMI
もあります。

3-2-5　EC2 インスタンスをリモート操作する

EC2 インスタンスはクラウドのサーバーなので、設置したあとは、インターネットからネット
ワーク越しにアクセスし、リモートで操作します。

リモートでの操作方法は、インストールした OS（選んだ AMI）によって異なります。Linux な
どの Unix 系の OS では、SSH（Secure Shell）を使って操作します。Windows 系の OS では、リモー
トデスクトップを使って操作します。

すぐあとに実際の手順として説明しますが、SSH で操作するために、EC2 インスタンスを作る
ときには、暗号化に用いる「キーペア」をセットアップします。キーペアをなくしてしまうと、そ
の EC2 インスタンスを操作できなくなるので注意してください。

なお、本書では説明しませんが、Windows Server のインスタンスを作る場合もキーペアが作られ
ます。Windows Server インスタンスの場合、キーペアは、SSH で接続するためではなく、リモー
トデスクトップ接続で使う、初回パスワードを取得するために使われます。

■ SSH 操作にはパブリック IP アドレスが必要

SSH を使って EC2 インスタンスを遠隔操作するには、その EC2 インスタンスにパブリック IP
アドレスを割り当て、インターネットから到達可能な構成にする必要があります（図 3-10）。

プライベート IP アドレスしか設定していない EC2 インスタンスは、到達できないので操作で
きません。実際、この CHAPTER では EC2 インスタンスにプライベート IP アドレスしか割り当
てていないので、SSH で操作できません。パブリック IP アドレスを割り当てて、SSH で操作する
方法については、CHAPTER 4 で説明します。

少し複雑な方法にはなりますが、EC2 インスタンスの運用管理をマネジメントする AWS Systems Manager
のセッションマネージャという機能を使うと、SSH とは別の方法でインスタンスにログインして操作できま
す。この手法では、VPC に PrivateLink を構成することで、プライベート IP アドレスしかなくても操作可能
です。詳細は、p.187の Column「セッションマネージャで EC2 を管理する」を参照してください。

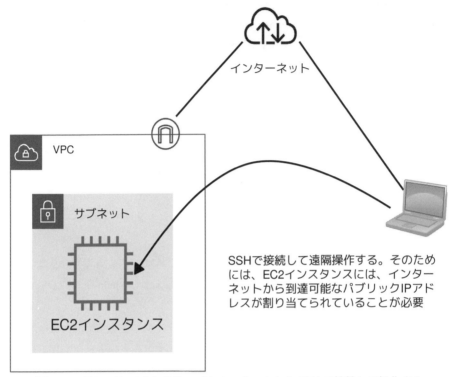

図 3-10　EC2 インスタンスは、インターネットから SSH で接続して操作する

3-2-6　EC2 インスタンスをサブネットに配置する

　ここまでで必要な説明は終了したので、実際に、CHAPTER 2 で作成した mysubnet01 というサブネットに EC2 インスタンスを配置していきましょう。操作手順は、以下の通りです。

◎ **操作手順** ◎　　　　**サブネットに EC2 インスタンスを配置する**

【1】EC2 メニューを開く

- EC2 インスタンスを作るため、AWS マネジメントコンソールのホーム画面から［EC2］を選択してください（図 3-11）。
- このときリージョンは、CHAPTER 2 で VPC やサブネットを作成したリージョンである「東京」が選択されていることを確認してください。

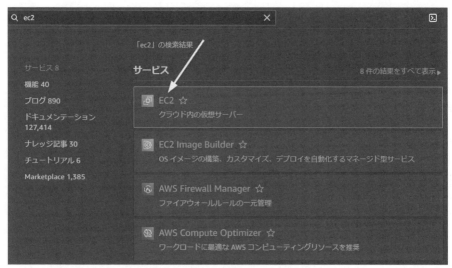

図 3-11　EC2 メニューを開く

【2】EC2 インスタンスを作り始める

- 左メニューから［インスタンス］を選択します。インスタンスの一覧が表示されますが、最初は何もインスタンスがないはずです（図 3-12）。
- ［インスタンスを起動］をクリックして、インスタンスを作り始めてください。

図 3-12　インスタンスを作り始める

【3】名前を付ける

［インスタンスを起動］をクリックすると、インスタンスを作成する画面が表示されます。

- ［名前］の部分に、インスタンスに付ける名前を入力します。ここでは「mywebserver」とします（図 3-13）。

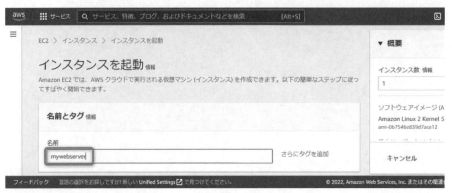

図 3-13 名前を付ける

【4】AMI を選択する

- 起動する AMI を選択します。ここでは既定の、「Amazon Linux 2 AMI」を選択します（図3-14）。

図 3-14 Amazon Linux 2 AMI を選択する

【5】 インスタンスタイプを選ぶ

- インスタンスタイプを選びます。ここでは、「t2.micro」を選択します（図3-15）。

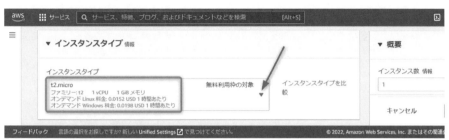

図 3-15　インスタンスタイプを選択する

【6】 キーペアを選択する

SSH で接続するときに用いるキーペアを作成・選択します。

- はじめて EC2 インスタンスを作成するときは、まだキーペアがないので、［新しいキーペアの作成］をクリックします（図3-16）。

図 3-16　キーペアの選択

- 「キーペアを作成」の画面が表示されます。適当なキーペア名、たとえば「mykey」と入力し、［キーペアを作成］をクリックします。［キーペアのタイプ］や［プライベートキーファイル形式］は、既定のままとします（図3-17）。

- キーファイル形式の既定は「.pem」であるため、「mykey.pem」としてダウンロードできます。ダウンロードが終わると、この画面が自動で閉じ、図 3-16 で作成した「mykey」が選択された状態となります。

- キーペアファイルには秘密鍵も含まれているので、誰にも読み取られない場所に保存しておいてください。また、なくしてしまうと EC2 インスタンスにログインできなくなってしまうので、注意してください。

図 3-17　キーペアの作成とダウンロード

【7】ネットワーク設定

ネットワークを設定します。「配置するネットワーク」と「ファイアウォール（セキュリティグループ）」の設定があります。

- 既定では、図 3-18 のようにデフォルトの VPC（デフォルトのサブネット）に接続するように構成されているので、［編集］ボタンをクリックして、詳細な編集ができるようにします（図 3-19）。編集できるようにしたら、次の 2 種類の設定をします。

図3-18　ネットワーク設定

① インスタンスの接続先ネットワーク

上から3つの項目［VPC］［サブネット］［パブリックIPの自動割り当て］は、これから作ろうとするインスタンスを、どのネットワークに接続するのかの設定です。

- ［VPC］では、CHAPTER 2で作成した「myvpc01」を選びます。すると［サブネット］に、選択したVPC（myvpc01）に属するサブネットの一覧が表示されます。CHAPTER2では「mysubnet01」というサブネットを作ったので、それを選択します。

- ［パブリックIPの自動割り当て］は、このインスタンスにパブリックIPアドレスを割り当てるかどうかの設定です。CHAPTER 2で作成した「mysubnet01」は、パブリックIPアドレスを有効にしていないため、ここでは［無効化］を選択します（［有効化］を選択しても、サブネット側が、この段階では対応していないため、割り当てられません）（図3-19）。

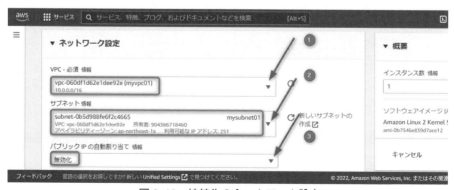

図3-19　接続先のネットワーク設定

② ファイアウォール（セキュリティグループ）

　セキュリティグループを設定します。CHAPTER 1 で説明したように、セキュリティグループとは、インスタンスを出入りするパケットに対するパケットフィルタリング型のファイアウォール機能です。詳細については、CHAPTER 5 で改めて説明します。

- 既定では、「`launch-wizard-連番`」という名前のセキュリティグループが新規で作られ、それがこのインスタンスに適用されます。既定のセキュリティグループの設定は、SSH 接続のためのポート 22 番を許可するものです。

- 既定の名前だとわかりにくいので、ここではセキュリティグループ名を「`webserverSG`」（SG は Security Group の意）に変更します。［セキュリティグループのルール］では、どのようなパケットを通すのかを設定できますが、ここでは既定のまま（SSH 接続をすべて許可する）としておきます（図 3-20）。

図 3-20　セキュリティグループの名前だけ変更する

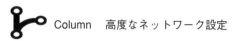

Column　高度なネットワーク設定

　図3-20において、［高度なネットワーク設定］をクリックすると、図3-21の設定項目が表示され、IPアドレスを固定にしたり、ネットワークインターフェイス（ENI）を追加したりするなど、より細かいネットワークに関する設定ができます。

図3-21　高度なネットワーク設定

【8】ストレージの設定

- ストレージとして、どのようなEBSを割り当てるのかを指定します。
- 既定では8GBのストレージが割り当てられるので、そのまま変更しません（図3-22）。

図 3-22　ストレージの設定

【9】 インスタンスの起動

- 以上で設定は終わりです。画面右側に何を設定したのかのダイジェストが表示されているので、その内容を確認し、問題なければ、[インスタンスを起動] をクリックします (図 3-23)。すると、図 3-24 のように起動します。

図 3-23　インスタンスの作成

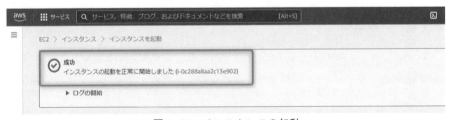

図 3-24　インスタンスの起動

 Column　高度な詳細

　図 3-23 の［高度な詳細］オプションをクリックすると、より細かくインスタンスを設定でき
ます。主な設定項目を、表 3-2 にまとめます。

表 3-2　インスタンスの詳細設定（ネットワーク以外の項目の意味）

項目	意味
購入オプション	AWS では需要と供給に応じた価格でインスタンスを提供するスポットインスタンスというサービスを提供しており、それを利用し、指定した金額以下のときにだけ起動するという挙動にしたいときは、チェックを付ける
IAM インスタンスプロフィール	このインスタンスに設定する、IAM ロールと呼ばれる認証ユーザーの設定。この EC2 インスタンスから、AWS のほかのサービス（たとえば S3 など）にアクセスするときには、必要な権限を与えた IAM ロールを指定する
シャットダウン動作	シャットダウンしたときの動作を指定する。デフォルトは［停止］であり、停止するだけ。［削除］にすると、シャットダウンしたときに、この EC2 インスタンスが削除されるようになる（そうした場合、それ以降、この EC2 インスタンスにアクセスできなくなる）
終了保護/停止保護	誤操作によって終了や停止してしまわないように保護する
CloudWatch モニタリングの詳細	チェックを付けると、CloudWatch というサービスを使って、詳細なモニタリングができるようになる（有償）
クレジット仕様	T シリーズのインスタンスのみ設定可能な項目。バースト（高負荷がかかったときに一時的に性能を上げる機能）の動作。［スタンダード］を選択すると、定額の範囲内でバーストする（負荷が低いときにその分を金額としてチャージしておき、その範囲内でバーストする）。［無制限］を選択すると、金額無制限でバーストする
テナンシー	他のユーザーと共有した環境で実行するかどうか。デフォルトは［共有］。［専用］を選ぶと、他と分離された環境で実行されるようになる。また［専有ホスト］を選ぶと、他のユーザーと共有しない専用の物理サーバーで実行されるようになる。［共有］以外は、別途費用がかかる
ユーザーデータ	この EC2 インスタンスに対して、API から参照できるメタデータを設定できる。設定したメタデータは、メタデータサーバーから取得できる。「4-7　パブリック IP アドレスを取得する」を参照

3-3 EC2 インスタンスの IP アドレスの確認

EC2 インスタンスが起動したら、その IP アドレスを確認してみましょう。EC2 メニューの［インスタンス］には、起動中のインスタンス一覧が表示されます。インスタンスをクリックして選択すると、その下にインスタンスの詳細情報が表示されます。

詳細情報には、IP アドレスが記載されています。実際に確認してみると、図 3-25 に示すように、この例では、「10.0.0.155」の IP アドレスが割り当てられていることがわかります（実際に割り当てられる IP アドレスの値は、環境によって異なります）。

また「プライベート IP DNS 名」として、「ip-10-0-0-155.ap-northeast-1.compute.internal」という内部 DNS 名が設定されていることもわかります。この「ap-northeast-1.compute.internal」は DHCP サーバーから指定されている名称です（DHCP サーバーの設定で変更することもできます）。

この段階では、パブリック IP アドレスを割り当てていないので、「パブリック IPv4 DNS アドレス」や「パブリック IPv4 アドレス」は空欄です。

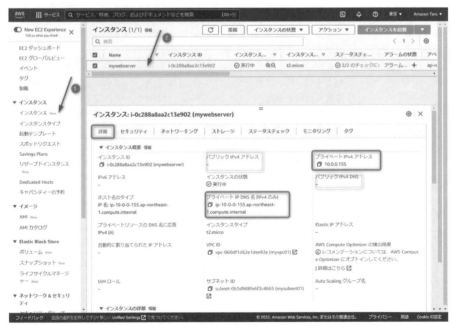

図 3-25　EC2 インスタンスに割り当てられた IP アドレスを確認する

> **Column　EC2 インスタンス作成後に変更できない項目を変更する**
>
> 　EC2 インスタンスには、作成したときに値が確定し、以降は変更できない項目があります。たとえば、プライマリプライベート IP アドレスやパブリック IP アドレス割り当ての有無などが、それに相当します。
>
> 　そうした項目を変更したいときは、その EC2 インスタンスの複製を作り、その複製に対して新しい値を設定し、古い EC2 インスタンスを削除するという方法をとります。
>
> 　そのためには、EC2 インスタンスから AMI を作り、その AMI から EC2 インスタンスを作ります。具体的な方法は、CHAPTER 7 の「EC2 インスタンスを複製する」（p.215）で説明します。

3-4　ENI を確認する

　先の例では、EC2 インスタンスのメニューから IP アドレスを確認しましたが、より正確に言えば、IP アドレスが割り当てられているのは、EC2 インスタンスに割り当てられている ENI です。ENI がどのようになっているのかを確認してみましょう。

3-4-1　EC2 インスタンスに割り当てられた ENI を確認する

　どの ENI が割り当てられているのかは、EC2 インスタンスの詳細情報の［ネットワーキング］タブで確認できます。ENI には、インターフェイス ID が割り当てられており、クリックすると、ENI の一覧画面（後掲の図 3-27）に遷移して、設定の参照や変更ができます（図 3-26）。

図 3-26　ネットワークインターフェイス

3-4-2　　ENI の構成を確認する

ENI の一覧は、[ネットワークインターフェイス]メニューで参照できます（図 3-27）。

図 3-27　ENI 一覧

　EC2 インスタンスに、追加の ENI を設定する（物理サーバーで言うところの、ネットワークカードを 2 枚差しする）場合には、この画面で[ネットワークインターフェイスの作成]をクリックして、新しい ENI を作り、それを EC2 インスタンスにアタッチするという操作をします。

3-5　　まとめ

この CHAPTER では、プライベート IP アドレスの割り当てについて説明しました。

① ENI

- AWS におけるネットワークカードは、ENI で表現される。EC2 インスタンスには、1 つ以上の ENI をアタッチして、通信できるようにする。

② DHCP サーバーによる IP アドレスの割り当て

- ENI には、サブネットに配置された DHCP サーバーから IP アドレスが割り当てられる。割り当てられる IP アドレスは初回に決まり、以降、変更されることはない。

③ 任意の IP アドレスの割り当て

● 割り当てられるプライベート IP アドレスは、手動で任意の IP アドレスにもできるが、あとから変更できない。

● 任意の IP アドレスにする場合でも、DHCP サーバーから、いつも同じ IP アドレスが割り当てられるだけであり、OS での IP アドレス取得設定は、静的に割り当てる IP とはせず、DHCP サーバーを使った動的な割り当ての構成にする。

この CHAPTER での設定内容では、プライベート IP アドレスしか割り当てていないため、EC2 インスタンスに SSH ログインできません。

次の CHAPTER では、パブリック IP アドレスを割り当てることで、SSH ログインできるようにしていきます。

Column　ENI を別の EC2 インスタンスに装着する

　基本的に ENI は、EC2 インスタンスを作るときに一緒に新規作成します。しかし EC2 インスタンスには、既存の ENI を装着することもできます。

　既存の ENI を装着するというのは、物理サーバーで言うところの、「別のサーバーからネットワークカードを抜き、それを新しいサーバーに取り付ける」という操作に相当します。

　IP アドレスは ENI に結び付けられているので、EC2 インスタンスを作るときに既存の ENI を指定すると、その IP アドレスを引き継いで、新しい EC2 インスタンスで使えます。

　ENI を取り替える操作は、EC2 インスタンスを交換したいときによく使われるテクニックです。

　EC2 インスタンスが壊れて交換したいときは、壊れた EC2 インスタンスから ENI をデタッチし、新しい EC2 インスタンスにアタッチします（図 3-28）。

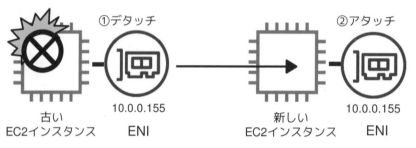

図 3-28　同じ IP アドレスのまま EC2 インスタンスを差し替える

CHAPTER 4

インターネットとの接続

インターネットから EC2 インスタンスに接続するには、パブリック IP アドレス
の割り当てとインターネットゲートウェイが必要です。このこと自体は、通常のネッ
トワーク環境と変わりませんが、AWS におけるパブリック IP アドレスは、少し特
殊な扱いになっており、インスタンスに本当にパブリック IP アドレスを割り当てる
のではなく、プライベート IP アドレスのまま NAT で変換して通信します。

　この CHAPTER では、パブリック IP の割り当て方とインターネットゲートウェ
イの設定方法を説明します。そして、SSH で EC2 インスタンスにログインし、ネッ
トワークインターフェイスの設定を確認することで、割り当てた IP アドレスは、イ
ンスタンスからどのように見えるのかについても説明します。

4-1   EC2 インスタンスをインターネットに接続

VPC 上の EC2 インスタンスをインターネットに接続するには、パブリック IP アドレスを割り当てるだけでは十分ではありません。インターネットゲートウェイを用意し、ルートテーブルも変更しなければなりません（図 4-1）。

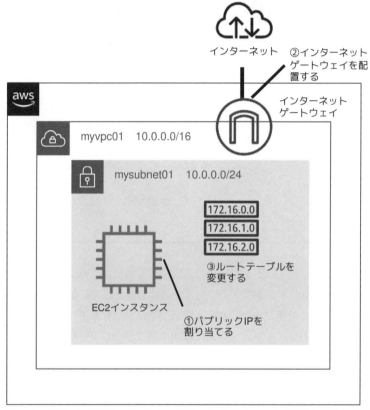

図 4-1　VPC 上の EC2 インスタンスをインターネットに接続するのに必要な設定

4-1-1   パブリック IP アドレスの割り当て

最初に、EC2 インスタンスへパブリック IP アドレスを割り当てます。すでに CHAPTER 3 で説明したように、EC2 インスタンスに対して、どのような IP アドレスを割り当てるのかは、EC2 インスタンスを作成するときに決めます。その設定は、「ネットワーク設定」の「パブリック IP の自動割り当て」で行います。設定値は、［有効化］か［無効化］のいずれかです（図 4-2）。

図 4-2　インスタンスを作成するときに自動割り当てパブリック IP を決める

　CHAPTER 2 で作成した mysubnet01 は、パブリック IP を有効にしていないため、ここで［有効化］を選んだとしても、パブリック IP は割り当てられません。以降の操作では、mysubnet01 に対してパブリック IP を有効にして、もう一度、EC2 インスタンスを起動することで、パブリックIP が割り当てられるようにします。

4-1-2　インターネットゲートウェイの設置

　EC2 インスタンスへのパブリック IP アドレスを付与したら、次はインターネットとの通信経路となるインターネットゲートウェイを用意します。これを、（サブネットではなく）VPC に対して設置します。

4-1-3　ルートテーブルの変更

　インターネットゲートウェイを設置したら、それをサブネットのデフォルトゲートウェイとして設定します。そうすることで、自分のネットワーク宛て以外のデータが、インターネットゲートウェイを通るようになり、インターネットと通信できるようになります。
　これは、物理的なネットワーク構成において、デフォルトゲートウェイをインターネットに接続されているルーターに設定する必要があるのと同じです。
　VPC におけるルーティング情報は、ルートテーブルとして構成されており、サブネット単位で設定します。
　ルートテーブルは、「送信先」と「ターゲット」を指定したルート情報の集まりで、指定した送信先のデータを、どのターゲット（ゲートウェイとなるルーター）に届けるのかを定めるものです（図 4-3）。ルールがない送信先のパケットは消失します。

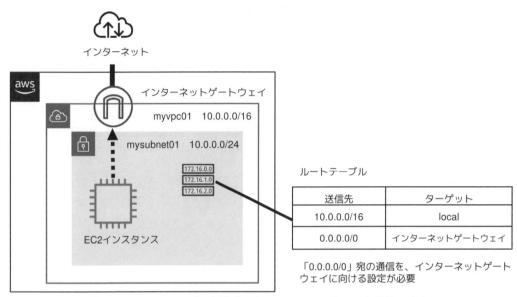

図 4-3　ルートテーブルを構成しないとインターネットと接続できない

　サブネットを作成した直後のルートテーブルには、「送信先：10.0.0.0/16、ターゲット：local」というただ 1 つのルート情報だけが設定されています。送信先は「VPC の IP アドレス範囲」で、local は「この VPC 内で処理する」という意味です。つまりこのルート情報によって、VPC 内を宛先とするパケットは、この VPC 内を回ります。

　インターネットに接続するには、これに加えて、「それ以外の送信先すべてをインターネットゲートウェイに届ける」というルート情報が必要です。「それ以外の送信先すべて」がデフォルトゲートウェイであり、送信先を「0.0.0.0/0」として設定します。

4-1-4　パブリック IP アドレスは NAT で変換されている

　AWS におけるパブリック IP アドレスは、少し特殊で、NAT による運用がなされています。NAT は、ネットワークアドレスを相互に変換する装置です。パブリック IP アドレスを割り当てたとしても、EC2 インスタンスには、依然としてプライベート IP アドレスしか割り当てられません。代わりに、NAT 機能によって、「プライベート IP アドレス」と「パブリック IP アドレス」の相互変換が行われます。たとえば、インターネットと通信するときは、図 4-4 のように変換されます。

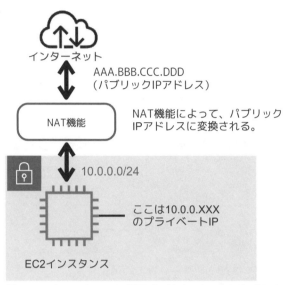

図4-4　インスタンスに割り当てられているのはプライベー
　　　　ト IP のみ

　詳細については、このあとの「4-6　割り当てられた IP アドレスを確認する」で説明しますが、
実際、Linux 上で、割り当てられた IP アドレスを確認する ifconfig コマンドを実行しても、ネッ
トワークカード（eth0、その実体は ENI）に割り当てられているのはプライベート IP アドレスだけ
で、パブリック IP アドレスが割り当てられているようには見えません。言い換えると、ifconfig
コマンドなどの一般的な方法では、割り当てられたパブリック IP アドレスを知ることができない
ということです。パブリック IP アドレスを知りたいときは、メタデータサーバーから取得します
（「4-7-1　メタデータを配信する HTTP サーバー」を参照）。

4-2　パブリック IP アドレスの割り当て操作

　本節では、実際に EC2 インスタンスにパブリック IP アドレスを設定していきましょう。

4-2-1　パブリック IPv4 アドレスの自動割り当て

　まずは、サブネットの設定を変更し、パブリック IP アドレスを割り当てるように構成します。

◎ 操作手順 ◎　　　　サブネットを構成する

【1】 サブネットの設定画面を開く

- AWS マネジメントコンソールのホーム画面から［VPC］を選択してください。そして「VPC」メニューから、［サブネット］を選択します（図4-5）。
- 設定したいサブネット（ここでは CHAPTER 2 で作成した mysubnet01）を右クリックし、［サブネットの設定を編集］をクリックします。

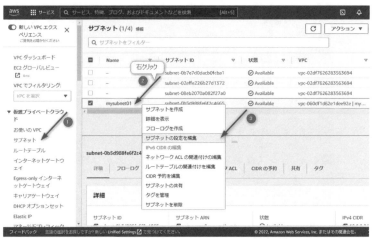

図4-5 サブネットの設定画面を開く

【2】 自動割り当てパブリック IP を有効化する

- ［パブリック IPv4 アドレスの自動割り当てを有効化］にチェックを付けて、［保存］ボタンをクリックします（図4-6）。

図4-6 パブリック IPv4 アドレスの自動割り当てを有効化する

4-2-2　同じ構成でパブリック IP を有効にした EC2 インスタンスを作り直す

　サブネットに対してパブリック IPv4 アドレスの自動割り当てを有効化しても、それが反映されるのは、有効化以降に作成した EC2 インスタンスだけです。すでに作られて稼働している EC2 インスタンスは、たとえ、「再起動」や「停止してからの再開」などの操作をしても、パブリック IP が有効になることはありません。

　そこでこの節では、パブリック IP アドレスを設定するために、EC2 インスタンスを作り直します。具体的には、「先ほど構成した EC2 インスタンスと同じものをもうひとつ作成し、以前の EC2 インスタンス終了する」という方法をとります（図 4-7）[1]。

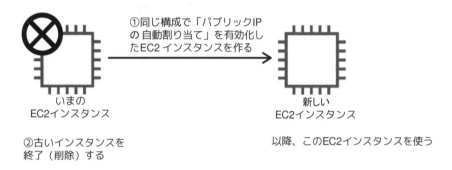

図 4-7　EC2 インスタンスを作り直す

　ただし、これは動的なパブリック IP アドレスを割り当てる場合です。この方法とは別に、静的な（固定の）パブリック IP アドレスを割り当てる「Elastic IP」という方法があり、その方法を使うと、インスタンス起動後に任意のタイミングで、静的なパブリック IP アドレスを設定したり解除したりできます（この方法については「4-9　Elastic IP」で説明します）。

　図 4-7 のように、EC2 インスタンスを作り直してパブリック IP アドレスの割り当てを構成するには、次の手順で行います。

◎ 操作手順 ◎　　パブリック IP アドレスを有効にした EC2 インスタンスを作る

＊ 1　この節で説明している方法は、EC2 インスタンス作成時と同じ構成で、もうひとつ同じ EC2 インスタンスを作るもので、複製を作るわけではありません。複製を作る方法については、CHAPTER 7 の「■ EC2 インスタンスを複製する」で説明します。

【1】 同じ構成の EC2 インスタンスを作る

- EC2 メニューで［インスタンス］をクリックして、インスタンス一覧を表示します（図 4-8）。

- そして、元の構成となるインスタンスを右クリックして、表示されたメニューから［イメージとテンプレート］－［同様のものを起動］を選択します。

図 4-8　同じ構成の EC2 インスタンスを作る

【2】 パブリック IP の自動割り当てを変更する

- インスタンスの作成画面が表示されますが、ほとんどの項目は、いま選択したインスタンスと同じ設定がされています（図 4-9）。

- パブリック IP の自動割り当てを［有効化］に変更してください。

図 4-9　パブリック IP の自動割り当てを有効化する

【3】キーペアの設定と起動

- キーペアが空欄なので、すでに作成済みの［mykey］を選択してください（図 4-10）。

- 以上で設定完了です。右側の［インスタンスを起動］ボタンをクリックしてください。

図 4-10　キーペアを選択して起動する

【4】古い EC2 インスタンスを終了する

- ［インスタンス］メニューを見ると、「いま作成した新しい EC2 インスタンス」と「元から
  あった古い EC2 インスタンス」の 2 つが存在することがわかるはずです。

- 古い EC2 インスタンスは必要ないので、右クリックして［インスタンスを終了］を選択して
  ください（図 4-11）。

図 4-11　古い EC2 インスタンスを削除する

- すると確認画面が表示されるので、［終了］を選択すると、削除されます（図 4-12）。

図 4-12　終了確認メッセージ

　ここまでの手順では、同名で EC2 インスタンスを作成しているので、どちらが古くて、どちらが新しいのかわかりにくいかもしれませんが、起動が完了した段階で、［パブリック IPv4 アドレス］が空欄なものが古い EC2 インスタンスです。

4-2-3　割り当てられたパブリック IP アドレスを確認する

　作り直した EC2 インスタンスを選択して、そのパブリック IP アドレスを確認してみましょう（図 4-13）。［パブリック IPv4 アドレス］の部分に、パブリック IP アドレスが割り当てられたのがわかるかと思います。

図 4-13　パブリック IPv4 アドレスを確認する

このパブリック IPv4 アドレスは、動的な IP アドレスです。EC2 インスタンスを停止して再度起動した場合には IP アドレスが変わります（再起動の場合は、変わりません）。

4-3　インターネットゲートウェイの接続

前節までの操作で、インスタンスにパブリック IP が割り当てられましたが、残念ながら、まだインターネットと接続することはできません。インターネットに接続するには、さらにインターネットゲートウェイとルートテーブルの構成が必要です。

4-3-1　VPC にインターネットゲートウェイを接続する

まずは、VPC にインターネットゲートウェイを接続しましょう。その方法は、次の操作手順の通りです。

◎ 操作手順 ◎　　　　VPC にインターネットゲートウェイを接続する

【1】インターネットゲートウェイを新規作成する

- AWS マネジメントコンソールの［VPC］メニューから、［インターネットゲートウェイ］を選択します。すると、インターネットゲートウェイの一覧が表示されます。一覧のなかには、デフォルトの VPC に設定されたインターネットゲートウェイが 1 つ存在するはずです。
- 新しくインターネットゲートウェイを作成するため、［インターネットゲートウェイの作成］をクリックしてください（図 4-14）。

図 4-14　インターネットゲートウェイを作成する

【2】 インターネットゲートウェイに名前を付ける

- 作成するインターネットゲートウェイに名前を付けます。どのような名前でもかまいませんが、ここでは、「myig」という名前（ig は Internet Gateway の略語のつもり）という名前を付けることにします（このとき自動で、［タグ - オプション］の部分に、Name キーに対して、設定した名前が自動的に設定されます）（図 4-15）。

- 名前を入力したら、［インターネットゲートウェイの作成］ボタンをクリックすると、インターネットゲートウェイが作成されます。

図 4-15　インターネットゲートウェイに名前を付ける

【3】 インターネットゲートウェイを VPC にアタッチする

- 作成されたインターネットゲートウェイを VPC に配置するため、［VPC へアタッチ］をクリックします（図 4-16）（このメッセージを閉じてしまったときは、アタッチしたい VPC を選択してから、［アクション］メニューから［VPC にアタッチ］を選択してください）。

- すると、配置先の VPC を尋ねられるので、配置したい VPC を選択して［インターネットゲートウェイのアタッチ］をクリックします（図 4-17）。すると、その VPC に配置されます。

図4-16　VPCにアタッチする

図4-17　VPCを選択する

4-4　ルートテーブルを構成する

　インターネットゲートウェイの作成に引き続き、ルートテーブルを構成します。ルートテーブルは、サブネットごとに設定します。

4-4-1　ルートテーブルの構成

　ルーティング情報は、「ルートテーブル」として構成されており、それがサブネットと結び付くという形をとっているため、少し複雑です。

　サブネットに明示的にルートテーブルを割り当てないときは、VPCに構成された「メインのルートテーブル」が採用される決まりになっています（図4-18）。

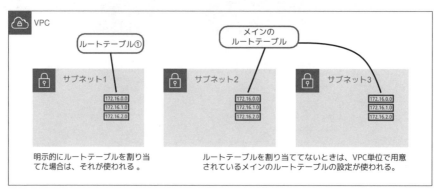

図 4-18　サブネットとルートテーブルとの関係

そのためサブネットに対するルーティングを変更したい場合、2 つの選択肢があります。

① メインのルートテーブルを変更する

　メインのルートテーブルを変更する場合、ルートテーブルが明示的に設定されていないすべてのサブネットのルーティングも変更されます（図 4-18 のサブネット 2 とサブネット 3 のケース）。

② 新しくルートテーブルを作ってアタッチする

　新しくルートテーブルを作ってサブネットにアタッチする場合、影響範囲は、そのサブネットに対してのみです（図 4-18 のサブネット 1 のケース）。

　どちらの方法でもよいのですが、①の方法は変更時の影響範囲が大きいので、設定には注意してください。

　すべてのサブネットで共通の設定にしたいときは、①の方法をとるとよいでしょう。そうでないときには、②の方法をとるとよいでしょう。

　ここでは、サブネット単位の設定方法である②の方法で実施していきます。

4-4-2　ルートテーブルを確認する

　最初に、現在どのようなルートテーブルが構成されているのかを見ていきましょう。

　ルートテーブルは、［ルートテーブル］メニューをクリックすると操作できます。一覧には、［メイン］の項目が［はい］になっているルートテーブルがあるはずです。これが「メインのルートテーブル」の正体です（図 4-19）。

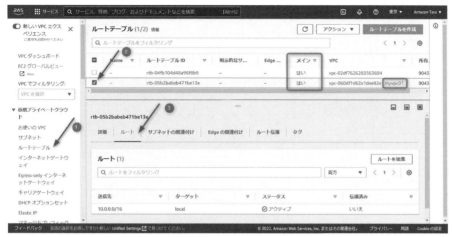

図 4-19　ルートテーブルを確認する

ここまでの操作では、2 つのルートテーブルがあるはずです。

① デフォルトの VPC に対するメインのルートテーブル
② 作成した myvpc01 の VPC に対するメインのルートテーブル

ここでは②の設定情報を見てみましょう。myvpc01 に割り当てられたルートテーブルを選択して［ルート］タブをクリックします。すると、そのルートテーブルに設定されているルーティングの内容が表示されます。

初期状態では、myvpc01 に対するメインのルートテーブルには、表 4-1 のようなルート情報が登録されており、この VPC で用いているネットワーク範囲のものは、local（このネットワーク内）で処理されますが、それ以外はルートの登録がないのですべて破棄されます。つまり、インターネットに出て行けません。

表 4-1　メインのルートテーブルの初期状態

送信先	ターゲット
10.0.0.0/16	local

また［サブネットの関連付け］タブをクリックすると、そのルートテーブルを使っているサブネット一覧を確認できます（図 4-20）。

図 4-20　サブネットの関連付けを確認する

　メインのルートテーブルの場合は、明示的に関連付けられていないサブネットの一覧も表示されます。

4-4-3　インターネットゲートウェイをデフォルトゲートウェイとしたルートテーブルを作る

　では、ルートテーブルを新規に作り、インターネットゲートウェイをデフォルトゲートウェイとして設定していきましょう。

> ◎ **操作手順** ◎　　　**ルートテーブルを作成し、インターネットゲートウェイをデフォルトゲートウェイとする**

【1】ルートテーブルを作成する

- ［ルートテーブルを作成］をクリックします（図 4-21）。

図 4-21　ルートテーブルを作成する

【2】名前と対象の VPC を設定する

● ［名前］には、ルートテーブルに設定する名前を入力します（図 4-22）。ここでは、「inettable」（Internet に接続できるルートテーブルという意味のつもり）という名前にします（このとき自動で、［タグ - オプション］の部分に、Name キーに対して、設定した名前が自動的に設定されます）。

● ［VPC］では、ルートテーブルの作成先となる VPC を選択します。ここでは［myvpc01］を選択し、［ルートテーブルを作成］ボタンをクリックすると、ルートテーブルが作られます。

図 4-22　名前と VPC を設定する

【3】ルートテーブルを編集する

- 作ったルートテーブルに、インターネットゲートウェイへのルーティングを追加します。
- 作ったルートテーブルをクリックして詳細画面を開きます。［ルート］タブをクリックすると、表 4-2 ようなルート情報があるのがわかります。

表 4-2　ルートテーブルの情報

送信先	ターゲット
10.0.0.0/16	local

ここにルート情報を追加するため、［ルートを編集］をクリックしてください（図 4-23）。

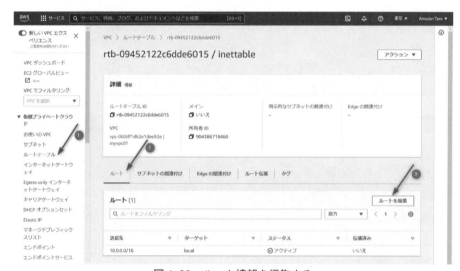

図 4-23　ルート情報を編集する

【4】新しいルートを追加する

- ［ルートを追加］ボタンをクリックして、ルート情報を追加します（図 4-24（1））。すると、新しい項目が追加されるので、インターネットゲートウェイをデフォルトゲートウェイとするルート情報を追加します。
- 具体的には、「0.0.0.0/0」を送信先とし、ターゲットをインターネットゲートウェイとしたルート情報を追加します。前掲の図 4-15 では、「myig」という名前でインターネットゲートウェイを作成したので、ターゲットのボックスをクリックして［インターネットゲートウェ

イ］の選択肢のなかから選択します（図4-24（2））。この設定を追加することで、他のルート情報でターゲットの定まらないパケットは、破棄されずにインターネットゲートウェイから出て行くようになります。

● ルート情報を入力したら、［変更を保存］ボタンをクリックして保存します。

図4-24（1） デフォルトゲートウェイを構成する-1

図4-24（2） デフォルトゲートウェイを構成する-2

4-4-4　　サブネットのルートテーブルを変更する

これで、インターネットゲートウェイをデフォルトゲートウェイとして構成したルートテーブル「inettable」ができました。

このルートテーブルを、作ったサブネットで使うように構成します。その手順は、次の通りです。

◎ 操作手順 ◎　　　　サブネットで使うルートテーブルを変更する

【1】 サブネットのルートテーブルを開く

- AWS マネジメントコンソールの［VPC］メニューから［サブネット］を選択してサブネット一覧を表示します（図 4-25）。
- そして変更したいサブネットを選択して、［ルートテーブル］タブを開きます。
- ルートテーブルを変更するため、［ルートテーブルの関連付けを編集］をクリックしてください。

図 4-25　サブネットのルートテーブルを編集する

【2】ルートテーブルを変更する

- ルートテーブルを選択する画面が表示されるので、作成した「inettable」を選択し、［保存］ボタンをクリックします（図4-26）。

図 4-26　ルートテーブルを変更する

4-5　EC2 インスタンスに SSH でログインする

　前節までの操作で、EC2 インスタンスがインターネットと通信できるようになりました。この EC2 インスタンスに SSH でログインし、どのような状況になっているのかを確認してみましょう。

4-5-1　接続先となる IP アドレスを確認する

　まずは、EC2 インスタンスに割り当てられたパブリック IPv4 アドレスを確認しましょう。すでに「4-2-3　割り当てられたパブリック IP アドレスを確認する」で説明したように、AWS マネジメントコンソールの［EC2］メニューの、［インスタンス］の一覧で確認してください（図4-27）。

図 4-27　パブリック IP アドレスを確認する

📝　　Memo　パブリック IP アドレスへの ping 確認

　このパブリック IP アドレスに対して、ping コマンドを実行しても応答はありません。つまり、ping することでサーバーに到達可能かを調べることはできません。これは、セキュリティグループで ICMP 通信を遮断する設定になっているためです。セキュリティグループについては、CHAPTER 5 で説明します。

4-5-2　　SSH で接続する

　それでは、このパブリック IP アドレスに SSH で接続してみましょう。接続には、インスタンスを作成するときにダウンロードしたキーペアファイルが必要です。

■ Windows で接続する

　Windows で接続するには、Tera Term[*2] や PuTTY[*3] などのソフトを使います。
　Tera Term で接続する場合、図 4-28 のように、確認したパブリック IPv4 アドレス（もしくはパブリック IPv4 DNS）に対して接続します。

＊ 2　Tera Term　https://osdn.jp/projects/ttssh2/

＊ 3　PuTTY　http://www.putty.org/

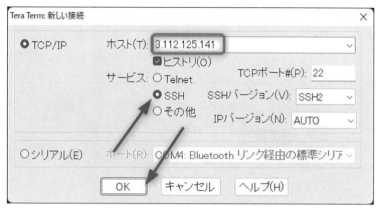

図 4-28　Tera Term で接続する

　初回に限り、セキュリティ警告画面が表示されるので、［続行］ボタンをクリックします（図4-29）。

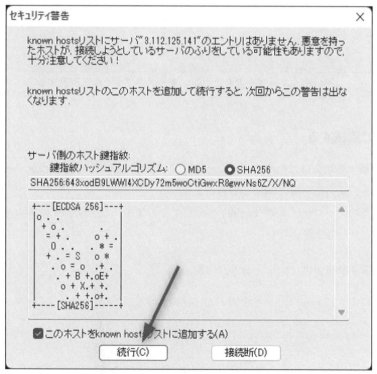

図 4-29　セキュリティ警告画面

　ユーザー名を尋ねられるので、Amazon Linux 2 の場合、ユーザー名には「ec2-user」と入力します。

　そして［RSA/DSA/ECDSA/ED25519鍵を使う］を選択し、ダウンロードしておいたキーペア
ファイルを選択し、［OK］ボタンをクリックすると接続できます。キーペアファイルにはパスフ
レーズは設定されていないので、［パスフレーズ］は空欄のままとします（図4-30）。

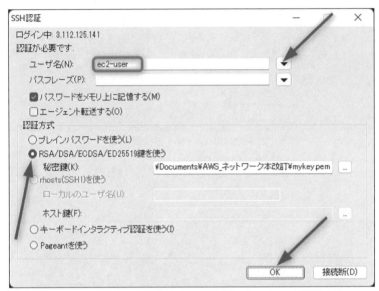

図4-30　ユーザー名を入力し、キーペアファイルを選択する

■ macOS で接続する

　macOS で接続する場合は、標準のターミナルを使います。あらかじめダウンロードしておいた
キーファイルを、適当な場所に保存しておきます。

　たとえば、そのキーファイルが「mykey.pem」だとします。まずは、そのファイルのパーミッ
ションを 600 に変更します。

```
$ chmod 600 mykey.pem  ←パーミッションの変更
```

　そして、次のように ssh コマンドを使って、接続します。

```
$ ssh -i mykey.pem ec2-user@3.112.125.141  ← 3.112.125.141 は図4-27で調べたIPアドレス
```

　初回に限り以下のように表示されるので、「yes [Enter]」と入力すると接続できます。

```
The authenticity of host '3.112.125.141 (3.112.125.141)' can't be est
ablished.
```

```
RSA key fingerprint is …省略….
Are you sure you want to continue connecting (yes/no)?yes Enter
```

4-5-3　rootユーザーで操作する

接続すると、次のようなプロンプトが表示され、コマンドを入力してさまざまな操作ができます。これは普通の Linux サーバーと同じです。

```
    __|  __|_  )
    _|  (     /   Amazon Linux 2 AMI
   ___|\___|___|

https://aws.amazon.com/amazon-linux-2/
[ec2-user@ip-10-0-0-105 ~]$
```

ログインした ec2-user というユーザーは root ユーザーではありませんが、sudo コマンドで root ユーザーでの操作ができるように構成されています。つまり、以下の書式でコマンドを入力すると、root ユーザーでコマンドを実行できます。

```
$ sudo コマンド
```

たとえば、yum コマンドを使ってソフトウェアをアップデートするのであれば、次のように入力します。

```
$ sudo yum update
```

もしいちいち sudo するのが煩雑なら、次のように入力すると root ユーザーとなり、以降の操作をすることもできます。

```
$ sudo -i
```

root ユーザーから元の ec2-user に戻るには、「exit」と入力します。

4-6　割り当てられた IP アドレスを確認する

EC2 インスタンスにログインできたところで、EC2 インスタンス側から、AWS のネットワークインターフェイスである ENI がどのように構成されているのかを見てみましょう。

4-6-1   IP アドレスを確認する

まずは IP アドレスを確認しましょう。ifconfig コマンドを入力すると、ネットワークインターフェイスの状態がわかります。

```
$ ifconfig
eth0: flags=4163<UP,BROADCAST,RUNNING,MULTICAST>  mtu 9001
        inet 10.0.0.105  netmask 255.255.255.0  broadcast 10.0.0.255
        inet6 fe80::4af:49ff:fe78:69e3  prefixlen 64  scopeid 0x20<link>
        ether 06:af:49:78:69:e3  txqueuelen 1000  (Ethernet)
        RX packets 921  bytes 95722 (93.4 KiB)
        RX errors 0  dropped 0  overruns 0  frame 0
        TX packets 1269  bytes 124288 (121.3 KiB)
        TX errors 0  dropped 0 overruns 0  carrier 0  collisions 0

lo: flags=73<UP,LOOPBACK,RUNNING>  mtu 65536
        inet 127.0.0.1  netmask 255.0.0.0
        inet6 ::1  prefixlen 128  scopeid 0x10<host>
        loop  txqueuelen 1000  (Local Loopback)
        RX packets 24  bytes 1944 (1.8 KiB)
        RX errors 0  dropped 0  overruns 0  frame 0
        TX packets 24  bytes 1944 (1.8 KiB)
        TX errors 0  dropped 0 overruns 0  carrier 0  collisions 0
```

この結果からわかるように、eth0 というネットワークインターフェイスがあり、これが AWS における ENI です。割り当てられている IP アドレスは、以下のようにプライベート IP アドレスで構成されています。

```
inet 10.0.0.105  netmask 255.255.255.0  broadcast 10.0.0.255
```

この一覧には、パブリック IP アドレスの情報はありません。これは、すでに説明したように、AWS においては EC2 インスタンスとインターネットとの通信は NAT で変換されているためです。

4-6-2   DNS サーバーの設定を確認する

次に、DNS サーバーの設定を確認しましょう。Amazon Linux 2 では、DHCP サーバーから割り当てられた DNS サーバーの構成値が、/etc/resolv.conf に記述されています。

cat コマンドで resolv.conf を表示してみると、nameserver は、次のように構成されていることがわかります。

```
$ cat /etc/resolv.conf
```

```
; generated by /sbin/dhclient-script
search ap-northeast-1.compute.internal
options timeout:2 attempts:5
nameserver 10.0.0.2
```

「10.0.0.2」は、AWS によってサブネット上に構成された DNS サーバーです。実際、この DNS サーバーを使ってドメイン名を引くことができるようになっており、たとえば、dig コマンドを使うと、次のように確認できます。

```
$ dig www.impress.co.jp

; <<>> DiG 9.11.4-P2-RedHat-9.11.4-26.P2.amzn2.5.2 <<>> www.impress.co.jpo
;; global options: +cmd
;; Got answer:
;; ->>HEADER<<- opcode: QUERY, status: NXDOMAIN, id: 11234
;; flags: qr rd ra; QUERY: 1, ANSWER: 0, AUTHORITY: 1, ADDITIONAL: 1

;; OPT PSEUDOSECTION:
; EDNS: version: 0, flags:; udp: 4096
;; QUESTION SECTION:
;www.impress.co.jpo.             IN      A

;; AUTHORITY SECTION:
.                       300     IN      SOA     a.root-servers.net. nstld.verisign-grs.
com. 2022062700 1800 900 604800 86400

;; Query time: 3 msec
;; SERVER: 10.0.0.2#53(10.0.0.2)
;; WHEN: Mon Jun 27 16:52:08 UTC 2022
;; MSG SIZE  rcvd: 122
```

4-6-3　インターネットに到達可能かを確認する

最後に、この EC2 インスタンス側から、インターネットに到達可能かどうかを確認しておきましょう。

まずは、ping コマンドを使って到達を確認してみます。

```
$ ping www.impress.co.jp
PING www.impress.co.jp (203.183.234.2) 56(84) bytes of data.
64 bytes from www.impress.co.jp (203.183.234.2): icmp_seq=1 ttl=42 time=3.92 ms
```

ping コマンドが応答を返しており、指定したホストに到達できていることがわかります。

次に、curl コマンドを使って、HTTP 通信できるかどうかを確かめてみましょう。

```
$ curl www.impress.co.jp
<!DOCTYPE HTML PUBLIC "-//IETF//DTD HTML 2.0//EN">
<html><head>
<title>301 Moved Permanently</title>
</head><body>
<h1>Moved Permanently</h1>
<p>The document has moved <a href="https://www.impress.co.jp/">here</a>.</p>
<hr>
<address>Apache Server at www.impress.co.jp Port 80</address>
</body></html>
```

こちらも、うまくコンテンツを取得できることがわかりました。

4-7 パブリック IP アドレスを取得する

ここまで説明してきたように、ifconfig コマンドで表示される EC2 インスタンスの IP アドレスはプライベート IP アドレスです。

インターネットと通信するときには、自動的にパブリック IP アドレスに変換されるので、通常は気にする必要はありませんが、EC2 インスタンス側で、自身に割り当てられたパブリック IP アドレスを知りたいこともあります。そのようなときには、メタデータとして取得します。

4-7-1 メタデータを配信する HTTP サーバー

実は、AWS ネットワーク上には、次の IP アドレスが付けられた特別なサーバーがあります。

```
http://169.254.169.254/
```

このサーバーは、アクセスした EC2 インスタンスに関する、さまざまな情報を返すメタデータサーバーです。次の URL にアクセスすると、メタデータの一覧を得ることができます。

```
http://169.254.169.254/latest/meta-data/
```

実際、curl コマンドでアクセスすると、次のようになります。

```
$ curl 169.254.169.254/latest/meta-data/
ami-id
ami-launch-index
ami-manifest-path
block-device-mapping/
```

```
events/
hibernation/
hostname
identity-credentials/
instance-action
instance-id
instance-life-cycle
instance-type
local-hostname
local-ipv4
mac
metrics/
network/
placement/
profile
public-hostname
public-ipv4
public-keys/
reservation-id
security-groups
```

4-7-2　パブリック IP アドレスを取得する

パブリック IP アドレスは、public-ipv4 キー、すなわち次の URL から取得できます。

```
http://169.254.169.254/latest/meta-data/public-ipv4
```

curl コマンドを使って実際に接続すると、次のように、パブリック IP アドレスが返されます。

```
$ curl 169.254.169.254/latest/meta-data/public-ipv4
3.112.125.141
```

　もしサーバーの設定などでパブリック IP アドレスが必要なときには、このメタデータサーバーから、動的に値を取得して用いるとよいでしょう。

103

4-8　ブラウザから EC2 インスタンスに接続する

これまでは、Tera Term などの SSH ソフトを使って EC2 インスタンスに接続してきましたが、AWS マネジメントコンソールの「EC2 Instance Connect」という機能を使って、ブラウザ上から接続して操作することもできます。

ブラウザから操作するには、次のようにします。

◎ 操作手順 ◎　　　　ブラウザから操作する

【1】接続を開く

- EC2 インスタンスを右クリックして、[接続] を選択します（図 4-31）。

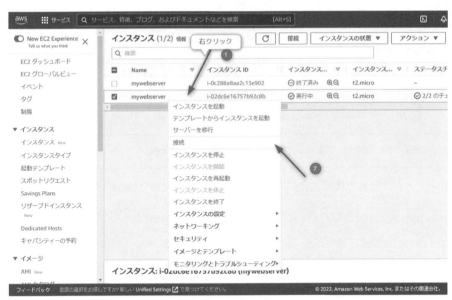

図 4-31　接続を開く

【2】EC2 Instance Connect で接続する

- [EC2 Instance Connect] タブが開きます。このまま [接続] ボタンをクリックします（Amazon Linux 2 以外の OS の場合は、[ユーザー名] をその OS の既定のものに変更しないと接続できないことがあります）（図 4-32）。

図 4-32　接続する

【3】　ブラウザから操作する

● 図 4-33 のように、SSH で接続したときと同等の画面が表示され、ブラウザからリモートで操作できます。

図 4-33　ブラウザから操作する

4-9   Elastic IP

　EC2 インスタンスに割り当てられるパブリック IP アドレスは、既定では動的に割り当てられます。そのため、EC2 インスタンスを起動し直すと、パブリック IP アドレスの値が変わってしまい、サーバーとして運用しにくくなります。

　パブリック IP アドレスを固定するには、Elastic IP という仕組みを使います。Elastic IP は、略して EIP と呼ばれることもあります。

4-9-1   Elastic IP の仕組み

　Elastic IP は、AWS マネジメントコンソールにおける操作で、あらかじめ静的な IP アドレスを割り当てておき、それを EC2 インスタンスの ENI などに関連付けて利用する仕組みです（図 4-34）。ここで言う「割り当て」とは、「確保する」という意味です。

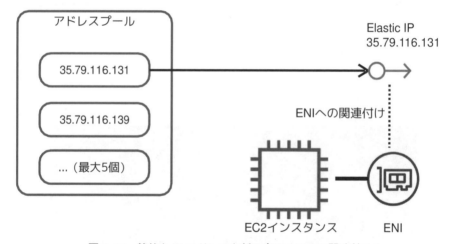

図 4-34　静的な IP アドレスを割り当て、ENI に関連付ける

　割り当てた IP アドレスは、以降、好きなタイミングで、どの ENI にでも、自在に関連付けし直すことができます。そのため、Elastic IP を使えば、稼働中の IP アドレスを即座に変更できます。たとえば、ある EC2 インスタンスが故障した場合、それと同じ構成の EC2 インスタンスを作って、その新しい EC2 インスタンスに Elastic IP を差し替えることも容易です（図 4-35）。

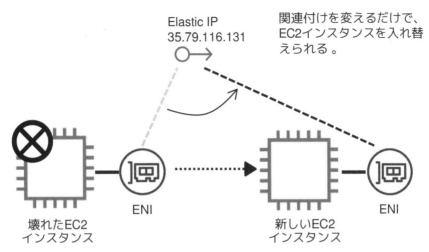

Elastic IP
35.79.116.131

関連付けを変えるだけで、
EC2インスタンスを入れ替
えられる。

ENI

ENI

壊れたEC2
インスタンス

新しいEC2
インスタンス

図 4-35　EC2 インスタンスを差し替える

　Elastic IP アドレスは、それぞれのリージョンで最大 5 個まで確保できます（それ以上必要なと
きは、AWS の申請フォームから理由を告げることで拡張できます）。

　Elastic IP アドレスは、稼働中の EC2 インスタンス 1 個につき 1 個までが無料です。関連付けて
おらず確保しているだけの Elastic IP アドレスには、別途、費用がかかります。

4-9-2　　Elastic IP アドレスを使ってみる

　実際に、Elastic IP を使ってみましょう。mywebserver という EC2 インスタンスに、Elastic IP ア
ドレスを関連付けていきます。

■ Elastic IP を割り当てる

　まずは、Elastic IP を割り当てます（確保します）。

◎ 操作手順 ◎　　　　Elastic IP を割り当てる

【1】 Elastic IP の割り当てを始める

- AWS マネジメントコンソールの［EC2］メニューから［Elastic IP］を選択します（図 4-36）。
- 新しい Elastic IP アドレスを確保するため、［Elastic IP を割り当てる］をクリックします。

図 4-36　Elastic IP アドレスの確保を始める

【2】 Elastic IP アドレスを割り当てる

- 割り当て設定画面が表示されます。既定のまま、何も変更する必要はありません。そのまま
  ［割り当て］ をクリックします（図 4-37）。

図 4-37　Elastic IP アドレスを割り当てる

● すると、Elastic IP アドレスが割り当てられ（確保され）、一覧に追加されます（図 4-38）。

　割り当て操作をした段階で、IP アドレスが確定します。図 4-38 では「35.79.116.131」が割り当てられていますが、どのような IP アドレスが確保されるのかは、その時々によって異なります（連続して確保しても、連番となるとは限りません）。

図 4-38　割り当てられた Elastic IP アドレス

🔧　Column　　Elastic IP アドレスの解放

　Elastic IP アドレスは、割り当てた時点から費用がかかります（稼働中の EC2 インスタンスに割り当てると、その間は無料になります）。もし Elastic IP アドレスが必要なくなったら、適宜解放しましょう。解放するには、［アクション］メニューから［アドレスの解放］を選択します。
　なお、解放した Elastic IP アドレスは AWS のシステムに戻され、他の人が利用できるようになります。解放した Elastic IP アドレスと同じ値の IP アドレスを、もう一度使うことはできません。ただし、その Elastic IP アドレスが、まだ他人に割り当てられていない場合は、AWS CLI（AWS のコマンドラインツール）で「allocate-address」というオプションを指定すると、Elastic IP の復元操作ができます。

■ EC2 インスタンスの ENI に関連付ける

Elastic IP を割り当てたら、EC2 インスタンスの ENI に関連付けることで使えるようになります。

◎ **操作手順** ◎　　　　**Elastic IP を EC2 インスタンスの ENI に関連付ける**

【1】アドレスの関連付けを開く

- 割り当てたい Elastic IP にチェックを付けて選択し、［アクション］メニューから［Elastic IP アドレスの関連付け］をクリックします（図 4-39）。

図 4-39　アドレスの関連付けを開く

【2】関連付ける EC2 インスタンスの ENI を選択する

- EC2 インスタンスに対して割り当てる方法と、ENI に対して割り当てる方法があります。結果はどちらも同じですが、前者のほうがわかりやすいので、ここでは［インスタンス］を選択して、mywebserver インスタンスを選択します（図 4-40）。
- ［プライベート IP アドレス］の部分で、この Elastic IP アドレスと関連付けるプライベート IP アドレスを選択します。mywebserver インスタンスには 1 つしか ENI がないので、それを選択してください。
- ［関連付ける］ボタンをクリックすると、この ENI に Elastic IP アドレスが関連付けられます。

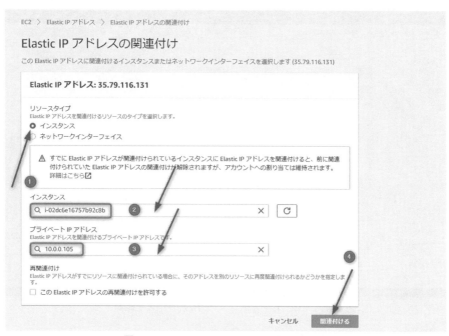

図 4-40　Elastic IP アドレスを関連付ける

4-9-3　Elastic IP アドレスを関連付けたときの EC2 インスタンスの挙動

　すると、即座にその Elastic IP アドレスが、ENI に割り当てられます。このとき、Elastic IP アドレスが、どのように見えるかを確認しましょう。

■ EC2 インスタンスに割り当てられた IP アドレスを確認する

　まずは、AWS マネジメントコンソール上で確認してみます。［EC2］メニューの［インスタンス］で、インスタンス一覧を表示します（図 4-41）。

　mywebserver の IP アドレスを確認すると、「パブリック IPv4」「Elastic IP」が、関連付けた静的な IP アドレスに変更されていることがわかります。

　このように Elastic IP アドレスを割り当てると、「動的なパブリック IP アドレス」ではなく、Elastic IP アドレスになります。この IP アドレスは、Elastic IP アドレスを解放しない限り、EC2 インスタンスを起動し直しても、変わることがありません。

図 4-41　EC2 インスタンスの IP アドレスを確認する

■ OS から見えるプライベート IP アドレスは変わらない

　次に、この EC2 インスタンスに SSH でログインして、OS から IP アドレスがどのように見えているのかを確認しましょう。SSH で接続するときは、その接続先は Elastic IP アドレス（この例なら「35.79.116.131」）です。

　ログインしたら、`ifconfig` コマンドを使って IP アドレスを調べてみます。すでに「4-6-1　IP アドレスを確認する」で説明したように、OS 上で見えるのはプライベート IP アドレスだけです。Elastic IP アドレスを割り当てても、この事情は変わりません。そのため、次のように「10.0.0.XXX」などのプライベート IP アドレスしか見えません。

```
[ec2-user@ip-10-0-0-105 ~]$ ifconfig
eth0: flags=4163<UP,BROADCAST,RUNNING,MULTICAST>  mtu 9001
        inet 10.0.0.105  netmask 255.255.255.0  broadcast 10.0.0.255
        inet6 fe80::4af:49ff:fe78:69e3  prefixlen 64  scopeid 0x20<link>
        ether 06:af:49:78:69:e3  txqueuelen 1000  (Ethernet)
        RX packets 58658  bytes 79458151 (75.7 MiB)
        RX errors 0  dropped 0  overruns 0  frame 0
        TX packets 6335  bytes 473890 (462.7 KiB)
        TX errors 0  dropped 0 overruns 0  carrier 0  collisions 0
```

　「4-7　パブリック IP アドレスを取得する」では、メタデータサーバー「http://169.254.169.254/」にアクセスすることで、パブリック IP アドレスを取得できると説明しました。

　メタデータとして取得できる IP アドレスは、Elastic IP アドレスに変わります。たとえば、次のようにすると、「35.79.116.131」が得られます。

```
$ curl 169.254.169.254/latest/meta-data/public-ipv4
35.79.116.131
```

　ここまでの経緯からわかるように、OS から見える IP アドレスはプライベート IP アドレスであり、AWS マネジメントコンソールで、何か操作しても変化することはありません。

　EC2 インスタンス側では、メタデータサーバーから情報を取得しない限り、自分に動的な IP アドレスが割り当てられているのか、それとも、Elastic IP が割り当てられているのかを知る術はありませんし、パブリック IP アドレスが変更されたかどうかもわかりません。こうした理由から、設定ファイルなどで接続先や接続元を指定する際には、プライベート IP アドレスで指定するようにし、パブリック IP アドレスを指定するのは避けてください。

　もちろん、どうしてもパブリック IP アドレスでなければならないこともあります。たとえば、このサーバーで VPN を構成したいときなどです。そのような場合、Elastic IP アドレスならば変更されないので、その IP アドレスを設定ファイルに書いてしまう方法もあります。しかし、そのように IP アドレスが固定されていることを前提とした設計は、できるだけ避けるようにしてください。何かの理由でパブリック IP アドレスが必要なときは、代わりに、スクリプトで curl コマンドを使ってパブリック IP アドレスを取得し、その値を設定値として採用するというように、動的に取得することを検討してください。

Column　　DNS の逆引きを設定する

　Elastic IP アドレスには、DNS の逆引きを設定することもできます。逆引きとは、DNS にお
いて、「IP アドレス→ホスト名」の問い合わせのことです。設定するには、Elastic IP の［アク
ション］メニューから［逆引き DNS を更新］をクリックします（図4-42（1）、図4-42（2））。
　多くの場合、逆引き DNS を設定する必要はありませんが、セキュリティ上、「ホスト名→ IP
アドレス」の正引きと、「IP アドレス→ホスト名」の逆引きのドメイン名が合致していないと接
続を拒否するような仕組み（たとえばメールサーバーなど）を利用するサーバーを構築すると
きは、こうした設定が必要になることがあります。

図 4-42（1）　逆引き DNS の設定

図 4-42（2）　逆引き DNS の更新

4-10 まとめ

このCHAPTERでは、パブリックIPアドレスの割り当てについて説明しました。

① パブリックIPアドレスの割り当て

- サブネットの「パブリックIPv4アドレスを自動割り当て」の構成で、サブネット全体で有効/無効を設定する。その上で、EC2インスタンスごとにも有効/無効を選択する。
- 有効/無効は、EC2インスタンスの作成時に決める。あとから変更できない。ただし、固定のパブリックIPアドレスに相当する仕組みであるElastic IPを付けるか付けないかは、いつでも変更できる。

② インターネットゲートウェイとルートテーブル

- インターネットに接続するには、VPCにインターネットゲートウェイをアタッチし、サブネットのルートテーブルを編集して、デフォルトゲートウェイをそのインターネットゲートウェイに設定する。

③ NATによる通信

- パブリックIPアドレスを割り当てても、EC2インスタンスに割り当てられるのはプライベートIPアドレスのまま。インターネットとは、プライベートIPアドレスをNATでパブリックIPアドレスに変換してアクセスしている。
- 割り当てられたパブリックIPアドレスを知りたいときは、メタデータサーバー（`http://169.254.169.254/`）にアクセスする。

④ Elastic IP

- Elastic IPは静的なパブリックIPアドレスを割り当てる機能。
- まずIPアドレスを割り当てて（確保して）、それからENIに関連付ける。
- ENIへの割り当ては、いつ、どのタイミングでも行える。
- どのEC2インスタンスにも関連付けられていないElastic IPアドレスには費用がかかる。

次のCHAPTERでは、このEC2インスタンスにApacheをインストールして、Webサーバーとして動かしていきます。このとき必要となるファイアウォール構成について説明します。

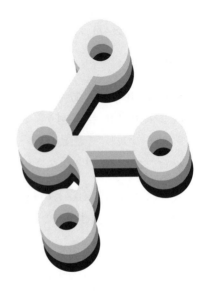

CHAPTER 5

セキュリティグループと
ネットワーク ACL

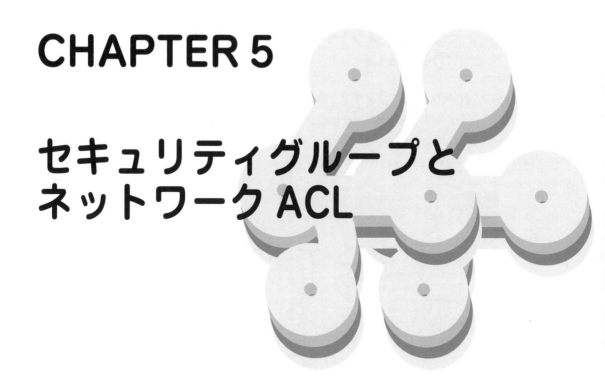

AWS のファイアウォール機能には 2 つの仕組みが用意されています。1 つは「セキュリティグループ」、もう 1 つは「ネットワーク ACL」です。前者は EC2 インスタンスの ENI ごとに設定されるもの、後者はサブネットごとに設定されるものです。

セキュリティレベルの異なる仕組みが用意されているのは、両者を使い分ける必要があるためです。おおざっぱに言うと、サブネット単位のセキュリティにはネットワーク ACL を使い、インスタンスごとに個別の対応が必要なポートの制御は、セキュリティグループを利用します。

この CHAPTER では、この 2 つのファイアウォール機能について説明した上で、Apache HTTP Server（以下 Apache）や nginx などの Web サーバーソフトウェアを EC2 インスタンスにインストールしたときに必要となる、セキュリティグループの変更方法についても説明します。

5-1 セキュリティグループとネットワーク ACL の違い

AWS の VPC には、2 つのファイアウォール機能があります（図 5-1）。1 つは「セキュリティグループ」、もう 1 つは「ネットワーク ACL」です。前者は EC2 インスタンスの ENI ごとに設定するもので、後者はサブネットごとに設定するものです。また前者は「ステートフル」、後者は「ステートレス」という違いもあります（表 5-1）。

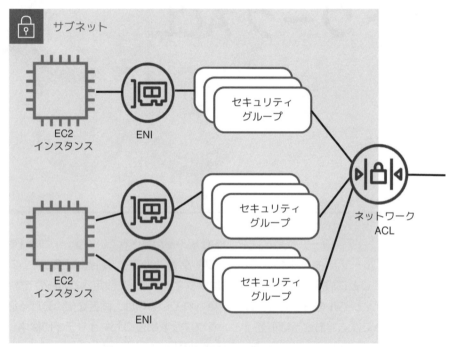

図 5-1　セキュリティグループとネットワーク ACL

表 5-1　セキュリティグループとネットワーク ACL の違い

	セキュリティグループ	ネットワーク ACL
対象	ENI 単位	サブネット単位
設定メニュー	ENI もしくは EC2 メニュー	VPC メニュー
ルール	許可ルールのみ	許可と拒否ルールの両方
ルールの評価順序	すべてをチェック	指定した順序でチェック
動作	ステートフル	ステートレス

セキュリティを設定する場合、まず、ネットワーク ACL を使って、サブネット全体のセキュリティを構成します。たとえば、「社内 LAN の IP アドレスからしか接続できないようにする」とか

「特定のポートだけを通すようにする」といった、大まかな設定を行います。そして次に、個々の EC2 インスタンスに対して、そのインスタンス上で実行したいサービスを加味しながら、それぞれにセキュリティグループを構成していきます。

　セキュリティグループの既定の設定は、SSH の通信で必要となる TCP ポート 22 を許可するという必要最低限の構成であるため、ほとんどの場合、カスタマイズが必要です。たとえば、Web サーバーとして利用するには、HTTP 通信で必要な TCP ポート 80 や HTTPS 通信で必要な TCP ポート 443 を許可する設定が必要です。対してネットワーク ACL は、既定が「すべての通信を通す」という構成であるため、こちらはカスタマイズせず、そのままの運用もできます。

5-2　セキュリティグループ

　セキュリティグループは、ENI に対して設定するパケットフィルタリング機能です。EC2 インスタンスを作成すると、既定で「launch-wizard-連番」というセキュリティグループが作られ、それが ENI に適用されます（図 5-2）。すでに CHAPTER 3 において、EC2 インスタンスを作成する過程で、自動的に作成されていたので、覚えている方もいるかもしれません。

　既定のセキュリティグループでは、SSH 接続のための TCP ポート 22 の接続だけが許可されています。CHAPTER 3 では、これを「webserverSG」という名前に変更して、EC2 インスタンスに適用しました。

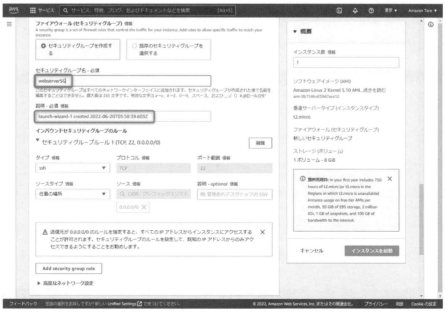

図 5-2　既定のセキュリティグループ

5-2-1　EC2 インスタンス、ENI とセキュリティグループの関係

EC2 インスタンスの「ENI」と「セキュリティグループ」は、多対多の関係です。1 つの ENI に対して最大 5 つまでの複数のセキュリティグループを指定でき、また、1 つのセキュリティグループを複数の ENI で共有できます（図 5-3）。共有しているときは、あるセキュリティグループの設定を変更すると、それを適用している ENI のすべての動作が変わります。

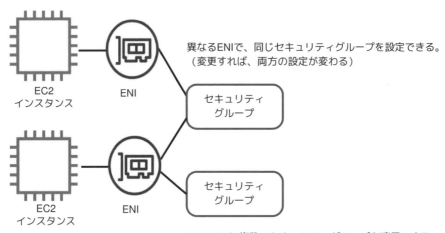

図 5-3　ENI とセキュリティグループの関係

ENI が、どのセキュリティグループを利用しているのかは、EC2 メニューの［ネットワークインターフェイス］で ENI 一覧を見ると、確認できます（図 5-4）。

図 5-4　ENI が利用しているセキュリティグループを確認する

しかし ENI の一覧画面で調べるのは、そもそも EC2 インスタンスが、どの ENI を使っているのかを調べる必要があり、確認するのが煩雑です。そこで、EC2 インスタンスから直接「プライマリ ENI（1 つめの ENI）が利用しているセキュリティグループ」を操作できるようになっています（図 5-5）。

図 5-5　EC2 インスタンスの画面でセキュリティグループを確認する

EC2 インスタンスでは、1 つの ENI しか使わない運用が多いので、そうした場合、ENI の画面からではなく、EC2 インスタンスの画面から操作したほうが簡単です。もちろん、EC2 インスタンス画面からの操作と ENI 画面からの操作は連動しており、図 5-5 の EC2 インスタンス側からセキュリティグループを変更すれば、図 5-4 の ENI 側にも反映されます。逆も同様です。

5-2-2　セキュリティグループのルール

ENI（もしくは EC2 インスタンス）から参照しているセキュリティグループの一覧は、［セキュリティグループ］メニューで確認できます（図 5-6）。セキュリティグループは、リージョンごとに最大 2500 個まで登録できます（申請すれば増やせます）。

図 5-6　セキュリティグループ一覧

　セキュリティグループ一覧には、自分が作成したセキュリティグループ以外に、最初から用意されている「default」という名前のセキュリティグループがあります。

　default セキュリティグループについては、「5-2-4　同じセキュリティグループ同士で通信する構成」で改めて説明します。

　セキュリティグループは、どのような通信を許すのかをインバウンド（EC2 インスタンスに入ってくる方向）とアウトバウンド（EC2 インスタンスから出て行く方向）の 2 種類のルールで制御します（図 5-7、図 5-8）。上部の［インバウンドルール］［アウトバウンドルール］のタブをクリックすることで、それらの設定を参照したり変更したりできます。ルールは、それぞれ最大 60 個まで設定できます。

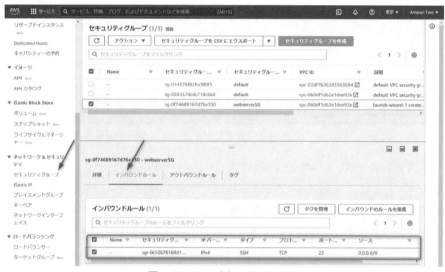

図 5-7　インバウンドのルール

図 5-8　アウトバウンドのルール

　セキュリティグループのルールには、「拒否」という設定はありません。許可するものだけをルールとして登録し、登録しなかったものは拒否されます。

　図5-8に示したように、アウトバウンドのルールには既定で、「すべてのトラフィック」が登録されています。そのため、アウトバウンド方向はすべての通信が通ります。もし、いくつかの通信を拒否したいときは、この既定の「すべてのトラフィック」のルールを削除して、通したいルールだけを追加します。

5-2-3　ルールを設定する

　それぞれの画面（図5-7と図5-8）にある［インバウンドのルールを編集］や［アウトバウンドのルールを編集］ボタンをクリックすると、ルールを編集できます。［ルールを追加］をクリックすると、ルールを追加できます（図5-9）。

図5-9　ルールの編集

　次の項目で、許可する通信を設定します。

① タイプ

　「TCP」「UDP」「ICMP」などのプロトコル、もしくは、「SSH」「SMTP」「HTTP」「HTTPS」などのサービスを指定します。

② プロトコル

　プロトコルを指定します。①で「カスタムICMPルール」を選んだときは、ICMPプロトコルのうち「エコー応答」など、どのプロトコルを通すのかを指定します。また「カスタムプロトコル」を選んだときは、プロトコル番号を指定します。

　「TCP」や「UDP」を選んだときは、この指定はありません。

③ ポート範囲

ポートの範囲を指定します。単一のポート番号を入力する（たとえば「80」）か、番号範囲を「-」で指定できます（たとえば「10000-10080」）。①でサービスを選んだときは、そのウェルノウンポートが自動で設定されます（たとえば HTTP を選んでいれば 80）。

④ ソースまたは送信先

ソース（送信元という意味）（インバウンドの場合）または送信先（アウトバウンドの場合）を指定します。次の 3 種のうち、いずれかを指定します。

（1）カスタム

「CIDR」や「IP アドレス」または「セキュリティグループ」で指定します。

（2）Anywhere-IPv4 または Anywhere-IPv6

「すべての場所」を意味します。「0.0.0.0/0」と同じです。

（3）マイ IP

いま AWS マネジメントコンソールで操作している端末の IP アドレスを設定します。

5-2-4　同じセキュリティグループ同士で通信できるようにする構成

ルールでは、5-2-3 項の④で説明したようにソース（送信元）または送信先を指定しますが、このとき、CIDR や IP アドレスではなく、「セキュリティグループ」を指定できます。セキュリティグループを指定したときは、「そのセキュリティグループが適用されている EC2 インスタンスとだけ通信する」（より厳密には、セキュリティグループは ENI 単位なので、そのセキュリティグループが適用された ENI を持つ EC2 インスタンスとだけ通信する）というルールが作れます。

特定の EC2 インスタンスとの通信だけを許可したいときは、その IP アドレスで指定するよりも、あるセキュリティグループを設定しているかどうかで指定するほうが、運用がしやすくなります。なぜなら AWS においては、障害があった EC2 インスタンスを捨てて新しく作成したり、負荷に応じてインスタンスの数を増減したりする運用をすることも多く、運用中に対象の EC2 インスタンスの IP アドレスや数が変わることも多いからです。セキュリティグループを使ってソースまたは送信先を指定するようにしておけば、そうした場合でも、新たに作成した EC2 インスタンスに同じセキュリティグループを設定するだけで、それが対象として含まれるようになります。

運用上、よくあるパターンが、「同じセキュリティグループが設定されている EC2 インスタンス

同士は、無制限に通信できる」という構成です。実は、既定で用意されている「default セキュリティグループ」は、この設定がなされたセキュリティグループです。default セキュリティグループでは、「ソースが自分自身のルール」がインバウンドに設定されています（**図5-10**）。

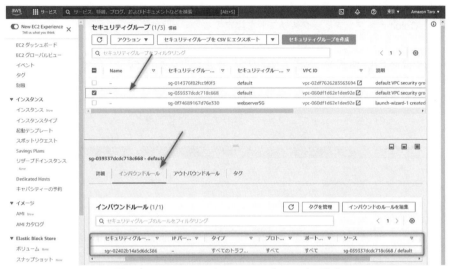

図5-10　default セキュリティグループの設定

　つまり、EC2 インスタンス（より正確には ENI）に対して「default セキュリティグループ」を追加で設定すると、「default セキュリティグループが設定されているほかの EC2 インスタンスと自由に通信できる」という構成を作れます（**図5-11**）。

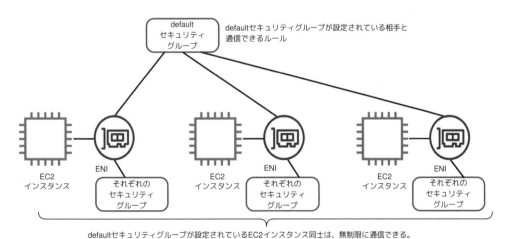

図5-11　default セキュリティグループ

たとえば、「インターネット向けの Web サーバー」「イントラネット向けの Web サーバー」「DB サーバー」があり、互いに自由な通信を許すという構成は、これら 3 台のインスタンスに default セキュリティグループを追加設定することで、容易に実現できます。

Column　プレフィックスリストを設定する

インバウンドルールのソースやアウトバウンドルールの送信先では、IP アドレスや CIDR ブロック、セキュリティグループを設定するほか、「プレフィックスリスト」を追加することもできます（図5-12）。プレフィックスリストとは、あらかじめ設定した CIDR ブロックのことで、VPC メニューの［マネージドプレフィックスリスト］で管理されています（図5-13）。

図 5-12　プレフィックスリストを選択する

図 5-13　マネージドプレフィックスリスト

任意のプレフィックスリストを「カスタマーマネージドプレフィックスリスト」として登録

することもできますが、あらかじめ AWS のサービスが利用している CIDR ブロックが設定されている「AWS マネージドプレフィックスリスト」も登録されています。CloudFront（CDN サービス）や S3（ストレージサービス）、DynamoDB（NoSQL 型のデータベースサービス）など、AWS サービスごとの運用 IP アドレスがあります。

　AWS マネージドプレフィックスリストから選択すれば、「ある EC2 インスタンスは、CloudFront というサービスとだけ通信できる」「ある EC2 インスタンスは、DynamoDB というデータベースサービスとだけ通信できる」といったように、特定の AWS サービスとの通信を許可する設定ができます。

5-2-5　ステートフルなルール

　TCP/IP の通信では、クライアント側からサーバーに接続するとき、クライアントにも適当なポート番号が割り当てられます。これはランダムなポート番号で、**エフェメラルポート**と呼ばれます（**図 5-14**）。

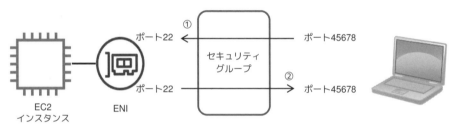

インバウンドで①のルールを許可しているなら、アウトバウンドのルールで②を許可していなかったとしても通る。

図 5-14　応答は自動で許可される

　たとえば、クライアントがポート 22 番で接続しようとしているとき、クライアントにはポート 45678 番が割り当てられるという具合です（45678 はランダムな番号であり、その都度、異なります）。

　TCP/IP の通信は、双方向です。何かパケットを受け取ったら、その応答のパケットが戻ることで通信が成立します。つまり、**図 5-14** の例だと以下の 2 つの通信が発生します。

　① インバウンド→ポート 22
　② アウトバウンド→ポート 45678

　一般にファイアウォールを構成する際は、この① ②の両方に対して許可するルールを設定する必要があります。ポート 45678 はランダムな番号で、1024〜65535 の範囲で変動します（どの範

囲で変動するのかは、クライアント OS に依存します)。そのため、アウトバウンドのポートは固定にならず、次のように、ある程度のポート範囲のルールが必要です。

① インバウンド→ポート 22
② アウトバウンド→ポート 1024〜65535

しかしこれは汎用的なファイアウォールの話であり、セキュリティグループは、通信のポート番号を追跡し、応答となるパケットは明示的に指定していなくても許可する動作になっています。この動作を、ステートフルと言います。

ステートフル動作であるため、セキュリティグループには①だけ設定すれば十分で、②の設定は必要ありません。既定では、セキュリティグループのアウトバウンドに何も設定されていませんが、これはステートフル動作のため、アウトバウンドに何も設定しなくても、その応答が自動的に通るからです。

5-3　ネットワーク ACL

ネットワーク ACL は、サブネットに備わるパケットフィルタリング機能です。ネットワークACL とサブネットは、1 対多の関係です。セキュリティグループと違って、1 つのサブネットには 1 つのネットワーク ACL しか設定できません（図 5-15）。

ネットワーク ACL にも、「インバウンド」と「アウトバウンド」の 2 つのルールがあり、これらのルールによって通信の可否を設定します。

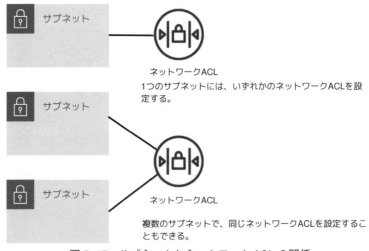

図 5-15　サブネットとネットワーク ACL の関係

5-3-1　サブネットに設定されているネットワーク ACL を確認する

サブネットには、必ずネットワーク ACL が適用されます。ネットワーク ACL を明示的に設定しなかったとしても、既定のネットワーク ACL が使われます。

サブネットに設定されているネットワーク ACL は、[VPC] メニューの [サブネット] の [ネットワーク ACL] タブで確認できます。図 5-16 で [ネットワーク ACL の関連付けの編集] ボタンをクリックすると、他のネットワーク ACL に変更できます。

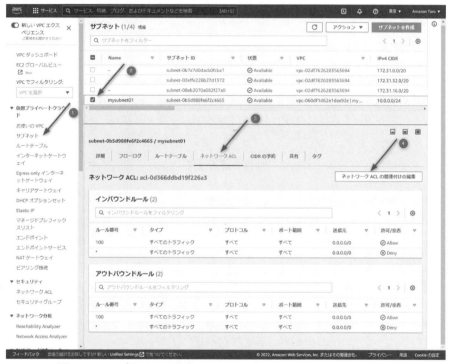

図 5-16　サブネットに設定されているネットワーク ACL を確認する

5-3-2　ネットワーク ACL を確認する

VPC メニューの [ネットワーク ACL] には、そのサブネットに存在する、すべてのネットワーク ACL が一覧で表示されます（図 5-17）。ネットワーク ACL の設定を変更したり、新規に作成したりしたいときは、ここから操作します。VPC 当たり、最大 200 個のネットワーク ACL を作れます（申請すれば増やせます）。

図 5-17　ネットワーク ACL 一覧

　ネットワーク ACL の設定は、セキュリティグループと同様、通信の向きによって「インバウンドルール（サブネットに入ってくる方向）」と「アウトバウンドルール（サブネットから出て行く方向）」の 2 つがあります。

　既定の構成では、どちらも「すべての通信を許可する」という構成です（**図 5-18**、**図 5-19**）。

ルール番号 ▽	タイプ ▽	プロトコル ▽	ポート範囲 ▽	送信元 ▽	許可/拒否 ▽
100	すべてのトラフィック	すべて	すべて	0.0.0.0/0	⊘ Allow
*	すべてのトラフィック	すべて	すべて	0.0.0.0/0	⊗ Deny

図 5-18　既定のインバウンドルール

ルール番号 ▽	タイプ ▽	プロトコル ▽	ポート範囲 ▽	送信先 ▽	許可/拒否 ▽
100	すべてのトラフィック	すべて	すべて	0.0.0.0/0	⊘ Allow
*	すべてのトラフィック	すべて	すべて	0.0.0.0/0	⊗ Deny

図 5-19　既定のアウトバウンドルール

5-3-3　　ネットワーク ACL を編集する

　図5-18や図5-19で［インバウンドルールを編集］や［アウトバウンドルールを編集］ボタン
をクリックすると、ルールを編集できます。それぞれのルールは、最大20個まで登録できます
（図5-20）。

図 5-20　ルールを編集しているところ

　設定項目は、セキュリティグループとほとんど同じですが、いくつか異なる点があります。

① 拒否するルールを設定できる

　許可だけでなく、拒否するルールも設定できます。

② ルールには順序番号があり、若い番号から順に適用される

　ルールには、番号が付けられます。若い番号から順に適用され、マッチしたところで処理が確
定します。

　たとえば、ある拒否ルールがマッチしたら、そこで拒否が確定するので、その順序番号より大
きな許可ルールがあっても、許可にはなりません。

③ ステートレスである

　セキュリティグループと違って、ステートレスです。たとえば、ポート22番のSSH通信のイ
ンバウンドを許可しようとする場合、クライアントは任意のポート（エフェメラルポート）が送
信元になります。このポート番号は1024〜65535番まで、どのポートが使われるかわかりません
（どのポート範囲かはクライアントのOSに依存します）。

　そのため、図5-21に示すように、ポート22番のインバウンドを許可するだけでなく、ポート

1024〜65535 までのアウトバウンドを許可しないと、応答パケットが通らず、通信できないので注意してください。

①だけでなく②のパケットも明示的にアウトバウンドルールとして追加
していないと通信できない。
ポート45678の部分はランダムな一例に過ぎず、特定できないので、
1024〜65535のポート範囲で指定する。

図 5-21　応答パケットの通過ルールも明示的に指定しなければならない

④ 最後は必ず拒否するルールで終わる

ルールの最後には、必ず表 5-2 のように、すべてを拒否するルールが指定されます。これを削除することはできません。そのため、通したいパケットは必ず「許可ルール」として明示しないと通りません。

表 5-2　すべてを拒否するルール

ルール#	タイプ	プロトコル	ポート範囲	送信元	許可／拒否
*	すべてのトラフィック	すべて	すべて	0.0.0.0/0	拒否

5-3-4　　ネットワーク ACL の変更を必要とする場面

ネットワーク ACL は、サブネットに対しての設定であるため、そのサブネットにどのような構成の EC2 インスタンスを置いても、このネットワーク ACL でのパケットフィルタリングの設定が適用されるという利点があります。つまり、間違ったセキュリティ設定の EC2 インスタンスを配置したときも、ネットワーク ACL によって守れます。

しかしネットワーク ACL は、図 5-21 に示したようにステートレスなので、TCP や UDP のポート単位で設定することを考えると、セキュリティグループでの設定に比べて難しくなります。

こうした事情を考えると、ネットワーク ACL では、TCP や UDP のポート単位で指定するのではなく、「特定の IP アドレス範囲と通信できるかどうかを設定する」のに使うのが、適切な使い方でしょう。たとえば、社内からしかアクセスできないサブネットを作るときに、そのサブネットに対して、「社内の IP アドレスからしか通信できないようにする」というネットワーク ACL を

適用するのです。そうしておけば、そこに配置した EC2 インスタンスは、EC2 インスタンスのセキュリティグループの設定にかかわらず、それ以外の IP アドレスからは接続できなくなります。

5-4　HTTP ／ HTTPS 通信可能なセキュリティグループの設定

　これまでの説明を踏まえて、実際にセキュリティグループを設定していきましょう。ここでは、いままで作成してきた mywebserver と名付けた EC2 インスタンスに Apache をインストールして Web サーバーにします（図 5-22）。

　ここまでの構成では、mywebserver のセキュリティグループは「webserverSG」としてきました。そこでこのセキュリティグループを変更して、TCP のポート 80（http://）とポート 443（https://）が通るように構成します。ネットワーク ACL は、既定ですべての通信が通過する構成なので、変更しません。

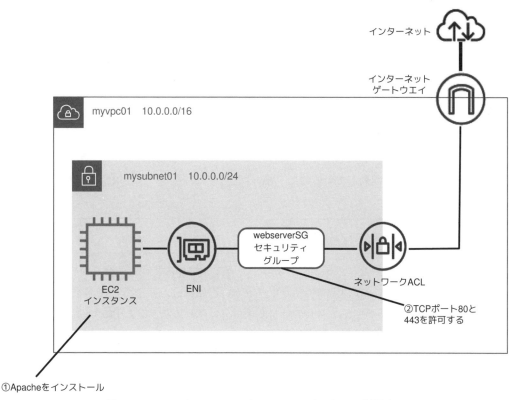

図 5-22　EC2 インスタンスを Web サーバーとして利用する

5-4-1　　EC2 インスタンスに Apache をインストールする

　まずは、EC2 インスタンスに Apache をインストールしましょう。「4-5　　EC2 インスタンスに SSH でログインする」で説明した方法で、SSH でログインしてください（もしくは p.104「4-8 ブラウザから EC2 インスタンスに接続する」のように、ブラウザで EC2 Instance Connect で接続する方法でもかまいません）。

　次のコマンドを入力すると、Apache をインストールできます。

```
$ sudo yum install -y httpd   ←Apache のインストール
```

　起動するには、次のようにします。

```
$ sudo systemctl start httpd.service   ←Apache の起動
```

　インスタンスが起動したときに、自動で起動するよう、次のようにして、自動起動も有効にしておきましょう。

> この設定は、この時点では動作に関係ありませんが、CHAPTER 7 で負荷分散の構成をするときに必要です。

```
$ sudo systemctl enable httpd.service
```

5-4-2　　セキュリティグループを変更するには

　この時点で Apache が起動しているので、Web ブラウザから、以下の URL にアクセスしてみましょう。

```
http://EC2 インスタンスのパブリック IP アドレス/
```

　Apache の初期画面（後述の図 5-30）が表示されるとよいのですが、残念ながら、ここまで構成してきた設定では、Web アクセスで使うポート 80 番（http://）やポート 443 番（https://）の通信を許可していないので、アクセスできません。アクセスできるようにするには、セキュリティグループの設定を変更しなければなりません。

　ここまでの本書の構成では、EC2 インスタンス名は「mywebserver」としてあり、このセキュリティグループは「webserverSG」という名前です。そして webserverSG は、ポート 22 番だけを通すように構成しています（図 5-23）。

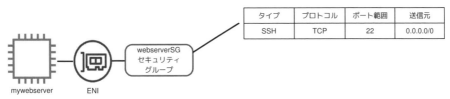

図 5-23　現在の EC2 インスタンスのセキュリティグループ構成

　この構成を変更して、ポート 80 番やポート 443 番で通信できるようにするには、主に、2 つの方法があります。

① 既存のセキュリティグループを変更する

　既存の webserverSG の設定を変更し、ポート 80 番やポート 443 番で通信できるようにします。最も簡単な方法です（図 5-24）。

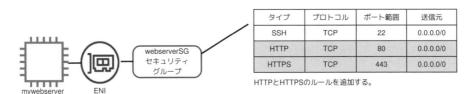

図 5-24　既存のセキュリティグループを変更する

② ポート 80 番やポート 443 番で通信できるようにした別のセキュリティグループを追加設定する

　ポート 80 番やポート 443 番で通信できるようにした別のセキュリティグループを作り、それを追加設定します（図 5-25）。

　この場合、EC2 インスタンスに対して 2 つのセキュリティグループを設定することになります。

　一見難しく見えますが、ほかにも Web サーバーがあるときには、ここで作ったポート 80 番、ポート 443 番を通過するようにしたセキュリティグループを追加設定すれば、同じ方法で通信可能にできるというメリットがあります。

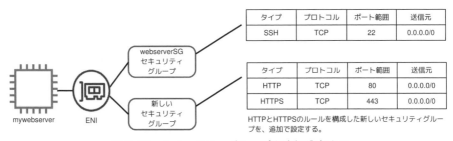

図 5-25　セキュリティグループを追加設定する

どちらの方法をとってもかまいませんが、話を簡単にするため、以下では、①の方法で、設定を変更していきます。

5-4-3　ポート 80 番／ 443 番を許可する

では実際にセキュリティグループを変更して、ポート 80 番、ポート 443 番を許可するようにしていきましょう。

◎ 操作手順 ◎　　　セキュリティグループを変更する

【1】インバウンドを編集する

- ［EC2］メニューの［セキュリティグループ］を開き、セキュリティグループ一覧を表示します（図 5-26）。
- 設定変更したいセキュリティグループであるグループ名の部分に「webserverSG」と書かれているものをクリックして、チェックを付けます。
- ［インバウンドルール］タブをクリックして、［インバウンドのルールを編集］ボタンをクリックします。

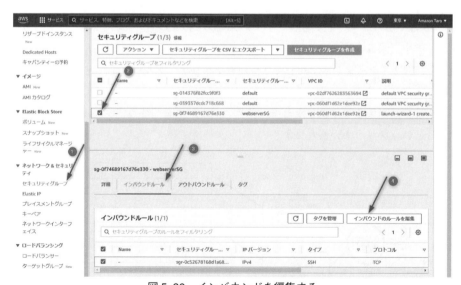

図 5-26　インバウンドを編集する

【2】ルールを追加する

- 編集画面が表示されるので、［ルールを追加］をクリックします（図 5-27）。

図 5-27　ルールを追加する

【3】ポート 80 を追加する

- ［タイプ］で「HTTP」を選択します。すると、プロトコルが「TCP」、ポートが「80」に設定されます。
- すべてを許可するため、［ソース］の部分では、［Anywhere-IPv4］を選択します。すると、「0.0.0.0/0」が追加されます。
- さらに［ルールを追加］をクリックします（図 5-28）。

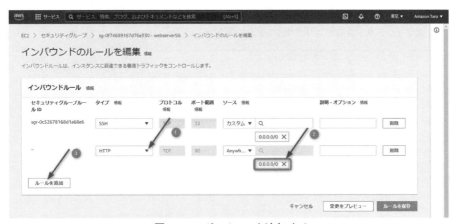

図 5-28　ポート 80 を追加する

【4】ポート 443 を追加する

- ［タイプ］で「HTTPS」を選択します。すると、プロトコルが「TCP」、ポートが「443」に設定されます。

- すべてを許可するため、［ソース］の部分では、［Anywhere-IPv4］を選択します。すると、「0.0.0.0/0」が追加されます。

- ［ルールを保存］ボタンをクリックして保存します（図 5-29）。

図 5-29　ポート 443 を追加する

以上でセキュリティグループの設定が完了しました。ブラウザで以下の URL に接続すると、Apache の初期画面が表示されるはずです（図 5-30）。

```
http://EC2 インスタンスのパブリック IP アドレス/
```

図 5-30　Apache の初期画面

5-5 まとめ

このCHAPTERでは、セキュリティグループとネットワークACLについて説明しました。

① セキュリティグループ

- ENI単位で設定するパケットフィルタリング機能。1つのENIに複数設定できる。ステートフルであり、応答パケットは自動的に通る。
- 既定の構成では、SSHが通過可能であるセキュリティグループが設定される。
- EC2インスタンスの用途に応じて、それ以外のプロトコルが通るように構成をカスタマイズして運用する（たとえば、Webサーバーならポート80、ポート443など）。

② ネットワークACL

- サブネット単位で設定するパケットフィルタリング機能。1つのサブネットに1つだけ設定できる。ステートレスであり、応答パケットは自動的に通らない。
- 既定では、サブネットに対して、すべての通信が通るように構成されたネットワークACLが設定されている。
- 接続先や接続元のIPアドレスを制限したい場合など、サブネットに対するアクセス権を設定したいときは、ネットワークACLを調整する。

次のCHAPTERでは、データベースサーバーを運用する場合などに必要となる、「インターネットから直接接続できないようにした守られたネットワークを構築する方法」を説明します。

Column　Apache の起動・停止・再起動、そして自動起動

　Apache を起動・停止・再起動するには、本文中にもあるように、systemctl コマンドを使います。

● 起動

```
$ sudo systemctl start httpd.service
```

● 停止

```
$ sudo systemctl stop httpd.service
```

● 再起動

```
$ sudo systemctl restart httpd.service
```

　自動起動の有効/無効の切り替えは、次のようにします。

● 自動起動有効

```
$ sudo systemctl enable httpd.service
```

● 自動起動を解除

```
$ sudo systemctl disable httpd.service
```

　また、list-units オプションを指定すると、登録されているサービス一覧を確認できます。

● サービス一覧

```
$ sudo systemctl list-units --all --type=service
```

CHAPTER 6

プライベートな
ネットワークの運用

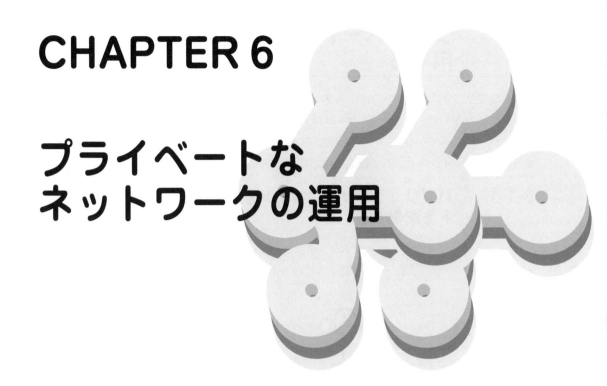

　バックエンドにデータベースを抱えるような Web サイトでは、セキュリティ上の理由から、インターネットから直接アクセスできないサブネットにデータベースサーバーを設置するのはよくある実装方法です。AWS の場合も、プライベートサブネットを作り、そこに EC2 インスタンスを設置できます。こうした運用で問題となるのが、EC2 インスタンスを操作する際のアクセスです。プライベート IP アドレスのみでは、リモートから SSH でアクセスできないからです。

　またアクセス経路を確保したあとも、もうひとつ問題があります。プライベート IP アドレスのみしか付与されていないインスタンスでは、EC2 インスタンス側からインターネットにアクセスできません。そのため、ソフトウェアのインストールや更新にも、ひと工夫必要です。

　この CHAPTER では、こうしたプライベート IP アドレスのみで EC2 インスタンスを利用する際のポイントを解説します。

6-1 プライベート IP で EC2 インスタンスを運用する

これまで見てきた通り、EC2 インスタンスにパブリック IP アドレスを割り当てない限り、SSH でログインできません。しかし、セキュリティ上の理由などから、パブリック IP アドレスを割り当てず、プライベート IP アドレスだけで EC2 インスタンスを運用したいこともあります。このような場合の、インスタンスの設定や保守について解説します。

6-1-1 パブリックなサブネットの配下にプライベートなサブネットを配置する

プライベート IP アドレスでサブネットを運用したいケースは、いくつか考えられます。その 1 つが、パブリックなサブネットの下にプライベートなサブネットを配置するケースです（図 6-1）。

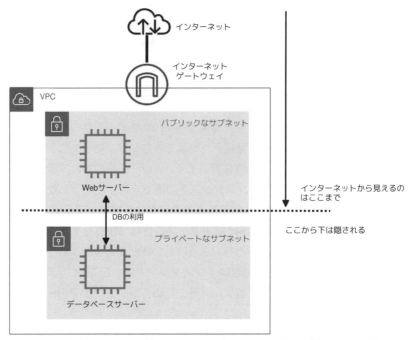

図 6-1 パブリックなサブネットの下にプライベートなサブネットを配置する

たとえば、データベースサーバーを用いる Web システムでは、Web サーバーをパブリックな IP アドレスで運用し、その下に、プライベートな IP アドレスでデータベースサーバーを配置します。このようにすることで、インターネットからデータベースサーバーにアクセスできないため、セキュリティの向上が図れます。

6-1-2　プライベートなサブネットに入り込む方法

　上で述べたような構成のネットワークでは、プライベートなサブネットに配置した EC2 インスタンスを、どのように保守するのかが問題となります。

　EC2 インスタンスに対して何か作業するには、SSH を使ってリモートから接続する必要があります。しかし、プライベートな IP アドレスしか割り当てられていないインスタンスには、インターネットから到達できないため、直接リモートから操作できません。ではどうするかというと、こうした場合の対応には、主に以下に示す 2 つの方法があります。

①　踏み台サーバーを使う

　1 つめの方法は、パブリック IP アドレスを持っている EC2 インスタンスにいったん SSH でログインし、その EC2 インスタンスを経由して、さらにプライベートな IP アドレスを割り当てたインスタンスに入り込む方法です（図 6-2）。

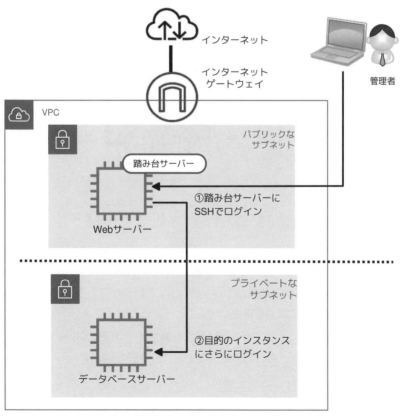

図 6-2　踏み台サーバーを経由してアクセスする

このように、別のサーバーに入り込むためにログインするインスタンス（サーバー）のことを「踏み台サーバー」と呼びます。

② **AWS Client VPN サービスを利用する**

もう 1 つの方法は、「AWS Client VPN」というサービスを使う方法です（**図 6-3**）。

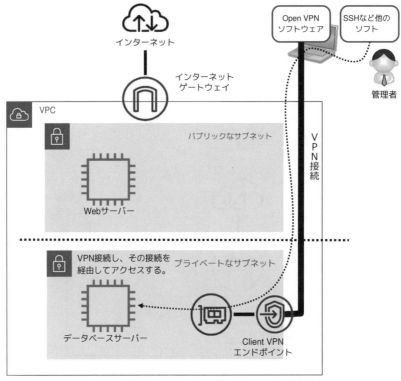

図 6-3　プライベートなサブネットに VPN 接続する

AWS Client VPN を VPC に対して構成すると、接続点となる Client VPN エンドポイントが作成されます。このエンドポイントに対して、OpenVPN[1]という VPN ソフトウェアをインストールした PC で接続すると、VPN が構成されて、その VPC 内にアクセスできるようになります。簡単に言えば、自分の PC を VPC に接続する手法です。

VPN で暗号化されているので安全ですし、汎用性も高いのですが、Client VPN エンドポイントを構成している時間当たり 0.15 ドル、サブネット 1 つにつき接続時間に対して 0.05 ドルかかります。前者は使っていなくてもエンドポイントを作成した段階で発生し、後者は接続して利用して

＊ 1　OpenVPN
　　　https://www.openvpn.jp/

いるときだけかかる料金です（前者の費用を抑えるには、Client VPN エンドポイントを必要なときだけ都度、作り直すという運用もありですが、使い勝手は悪くなります）。

　ここでは、①のように踏み台サーバーを経由してアクセスする方法を説明します。

> その他の方法として、AWS サイト間 VPN という方法や、AWS Direct Connect という方法で、それぞれ、AWS と社内ネットワークとを VPN や専用線で接続してしまう方法もあります。それらについては、CHAPTER 8 で説明します。また、VPC に PrivateLink を構成して、セッションマネージャで管理する方法もあります（p.187の Column「セッションマネージャで EC2 を管理する」を参照。

6-2 　NAT ゲートウェイ

　踏み台サーバーを利用すれば、パブリック IP アドレスを持たないインスタンスに SSH でログインできますが、プライベート IP しか持たないインスタンスは、インターネットと接続できないことに変わりありません。OS のアップデートやソフトウェアのインストールをインターネットから行う際に、EC2 インスタンスがインターネットと通信可能でないと、そうした操作が困難になる可能性があります。

　そこで導入を検討したいのが、**NAT ゲートウェイ**です。NAT（Network Address Translation）ゲートウェイは、パケットの IP アドレスを変換して、「プライベート IP アドレス→インターネット」に向けた接続を実現する装置です。逆に、「インターネット→プライベート IP アドレス」の方向の通信は許さないので、インターネット側からは接続させたくないという目的を満たせます（図6-4）。

　NAT ゲートウェイは、パブリックなサブネットに配置します。そして、プライベートなサブネットのデフォルトゲートウェイを、NAT ゲートウェイに向けるように、ルートテーブルを編集します。そうすることで、プライベートなサブネットからの通信が NAT ゲートウェイを通って、インターネットに出て行けるようになります。詳しくは後述しますが、NAT ゲートウェイは、作成した直後から 1 時間当たり 0.062 ドルの費用が発生し、処理データ 1G バイト当たり 0.062 ドルが発生します。費用を抑えるには、使わないときは削除しておくほか、IP アドレス変換が必要ないインスタンスの通信が間違って NAT ゲートウェイを通過するようなルートテーブルを設定しないように注意します（パブリック IP を持っているのに NAT ゲートウェイを通すのは無駄です）。

　NAT ゲートウェイには、Elastic IP アドレスが割り当てられます。つまり NAT ゲートウェイから出て行く通信は、送信元がその静的 IP アドレスとなります。この性質を使うことで、通信先でなんらかの IP 制限を課したい場合には、この IP アドレスを指定することで実現できます。

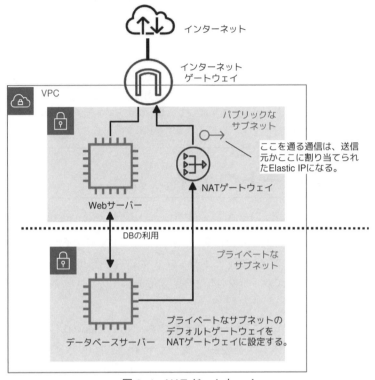

図 6-4　NAT ゲートウェイ

Column　NAT インスタンス

　NAT ゲートウェイと似た機能を提供するものに、NAT インスタンスがありました。AMI と
して提供されており、EC2 インスタンスを作成するときに、それを選択することで作ることが
できましたが、2020 年 12 月 31 日にサポートが終了し、現在は、提供されていません。

6-3　プライベート IP で運用するサーバーを構築する

　実際に、プライベート IP で運用するサーバーの例を見ていきます。ここでは、これまで作成し
てきた Web サーバー「mywebserver」に WordPress をインストールして、ブログサービスを構築
します。

　WordPress のブログデータを格納するには、データベースが必要です。データベースは Web サーバーと同じインスタンスにもインストールできますが、ここではあえて、別のインスタンスにデータベースサーバーを構築することにします。データベースサーバーは、インターネットから直接接続する必要がないので、プライベートなサブネットに配置します。

　以下、作成していくネットワークの構成図を図 6-5 に示します。

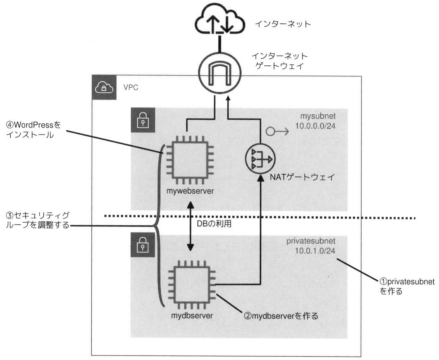

図 6-5　プライベート IP で運用する EC2 インスタンスの例

　具体的な手順は、次の通りです。

① サブネットの作成

　プライベートサブネットを作ります。ここでは「privatesubnet」という名前で「10.0.1.0/24」として作成します。

② EC2 インスタンスの設置

　データベース用の EC2 インスタンスを作成します。この名称は「mydbserver」とします。

　Web サーバーから接続するときには、IP アドレスを決め打ちしたほうが都合がよいので、適当な IP アドレスを手動設定します。ここでは、IP アドレスとして「10.0.1.10」を指定します。

③　セキュリティグループの設定変更

②で作成する EC2 インスタンス（mydbserver）や、Web サーバー（mywebserver）のセキュリティグループの設定を変更し、互いにすべての通信ができるようにします。

④　NAT ゲートウェイの構築

このままでは、②の mydbserver にデータベースサーバーのパッケージをインストールしようとするときに、インターネットからダウンロードできないので、NAT ゲートウェイを構成します。

NAT ゲートウェイは、パブリックなサブネットとなる mysubnet01 に配置し、privatesubnet のルートテーブルを編集することで、配置した NAT ゲートウェイをデフォルトゲートウェイとして設定します。

⑤　WordPress の設定変更

以上で、ネットワーク的な構築は終わりです。WordPress をインストールして利用できるようにします。

 Column　Amazon RDS を使う

本書では、データベースサーバーとして、EC2 インスタンスに MariaDB をインストールしたものを利用しています。

しかし EC2 インスタンスではなく、「Amazon RDS」という、マネージドなデータベースサービスを使うこともできます。

Amazon RDS は、MySQL、MariaDB、PostgreSQL、SQL Server、Oracle データベースを提供するデータベースサービスです。Amazon Aurora という、グローバル規模での可用性と高パフォーマンスを提供する MySQL および PostgreSQL 互換のデータベースサービスもあります。

Amazon RDS を使うと、保守やメンテナンス、レプリケーション、バックアップなどの操作を AWS 側に任せることができ、運用コストを下げられます。積極的に利用を検討するとよいでしょう。

ただし Amazon RDS は汎用的なサービスであるため、稼働するポート番号の変更や追加ドライバのインストールなどができません。そのため、カスタマイズを前提とした一部の業務パッケージと組み合わせて利用できないことがあります（そうした事情に対応するため、2021 年に、カスタマイズを可能とする Amazon RDS Custom という新しいサービスがリリースされました）。

6-3-1　　プライベートなサブネットを作る

それでは、実際に WordPress のブログサーバーを作っていきましょう。

まずは、プライベートなサブネットを作ります。「10.0.1.0/24」で、「privatesubnet」という名前にします。

◎ 操作手順 ◎　　　　プライベートなサブネットを作る

【1】サブネットを作成する

- AWS マネジメントコンソールの [VPC] メニューの [サブネット] から、[サブネットを作成] をクリックして、サブネットを新規作成します（図 6-6）。

図 6-6　サブネットを新規作成する

【2】VPC、サブネット名、アベイラビリティゾーン、CIDR ブロックを決める

- [VPC ID] の部分で、対象の VPC を選択します。ここでは、CHAPTER 2 で作成した「myvpc01」を選択します。

- [サブネット名] に、任意のサブネット名を入力します。ここでは「privatesubnet」とします。この設定値は、タグの Name キーの値として設定されます。実際、サブネット名を入力すると、下の [タグ・オプション] の部分に、Name キーに同じ名前の設定値が作成されます。

- [アベイラビリティゾーン] には、配置したいアベイラビリティゾーンを指定します。ここでは、冗長構成や障害対策を考えないので、どこを選んでもかまいませんが、図 6-5 のように Web サーバーから接続するデータベースとして使うのであれば、通信速度や費用の点を考慮して、「Web サーバーを置いたサブネット（mysubnet01）と同じアベイラビリティゾーン」

を選ぶとよいでしょう。ここでは、「ap-northeast-1a」を選択します。

- [IPv4 CIDR ブロック] には、割り当てるネットワークアドレスを指定します。ここでは、「10.0.1.0/24」を指定します。

- 下の [サブネットを作成] ボタンをクリックして、サブネットを作成します。

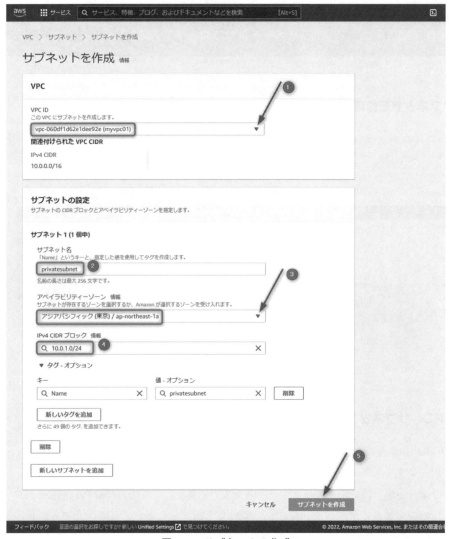

図 6-7　サブネットの作成

6-3-2　EC2 インスタンスを設置する

　次に、この privatesubnet 上に、データベースサーバーとして使う EC2 インスタンスを作成します。インスタンス名は、「mydbserver」とします。

　操作手順は、「3-2　EC2 インスタンスの設置」とほぼ同じ手順ですが、次の点が異なります。

① 配置先のサブネット

　配置先のサブネットは、「privatesubnet」にします。

② IP アドレス

　Web サーバーである mywebserver から、このデータベースサーバーに接続するときに、適当に割り当てられる IP アドレスだと「接続先のデータベースサーバー」として指定する際に不便なので、手動で IP アドレスを決め打ちすることにします。どのような IP アドレスでもかまいませんが、ここでは「10.0.1.10」とします。

③ セキュリティグループ

　Web サーバーである mywebserver と、互いにすべての通信ができるように、セキュリティグループを構成します。いくつかの方法がありますが、ここでは、デフォルトで用意されている default セキュリティグループを適用します。

　すでに説明したように、default セキュリティグループは、「default セキュリティグループ同士はすべて通信できる」ように構成されています。

　そこで、以下の (a) (b) のように、mydbserver にも mywebserver にも default セキュリティグループを設定することで、互いにすべての通信ができるようにします。

　(a) この mydbserver に対して default セキュリティグループを設定する。
　(b) 後続の手順で、すでに CHAPTER 5 で構成している mywebserver インスタンスに対しても default セキュリティグループを追加で設定する。

　AWS の 1 年間の無料利用枠では、Linux の EC2 インスタンス（t2.micro）は 1 台のみ無料です。すでに Web サーバーとして 1 台構築済みであるため、これから作成するデータベース用のインスタンスには費用がかかります。

◎ 操作手順 ◎　　　　　データベース用の EC2 インスタンスを作る

【1】EC2 インスタンスを作成する

- AWS マネジメントコンソールの［EC2］メニューから［インスタンス］を選択します（図 6-8）。
- ［インスタンスを起動］ボタンをクリックすることで、EC2 インスタンスの作成を始めます。

図 6-8　EC2 インスタンスを作り始める

【2】名前を付ける

インスタンスを作成する画面が表示されます。

- ［名前］の部分に、インスタンスに付ける名前を入力します。ここでは「mydbserver」とします（図 6-9）。

図 6-9　名前を付ける

【3】AMI を選択する

- 起動する AMI を選択します。ここでは、既定の「Amazon Linux 2 AMI」を選択します（図6-10）。

図 6-10　Amazon Linux 2 AMI を選択する

【4】インスタンスタイプを選ぶ

- インスタンスタイプを選びます。ここでは、「t2.micro」を選択します（図6-11）。

図 6-11　インスタンスタイプを選択する

【5】キーペアを選択する

- SSH で接続するときに用いるキーペアを選択します。新たに作成してもよいですが、作業を簡単にするため、ここではすでに CHAPTER 3 で作成した「mykey.pem」を選択し、同じキーでログインできるようにします。

図 6-12　キーペアを選択する

【7】ネットワーク設定

配置先のネットワークを選択します。先に作成しておいた privatesubnet に配置するため、次のようにします。

- 既定では、図 6-13 のようにデフォルトの VPC（デフォルトのサブネット）に接続するように構成されているので、［編集］ボタンをクリックして、詳細な編集ができるようにします。

図 6-13　ネットワーク設定

編集できるようにしたら、次の3種類の設定をします（図 6-14）。

① インスタンスの接続先ネットワーク

上から 3 つの項目［VPC］［サブネット］［パブリック IP の自動割り当て］は、これから作ろうとするインスタンスを、どのネットワークに接続するのかの設定です。

- ［VPC］では、CHAPTER 2 で作成した「myvpc01」を選びます。すると［サブネット］に、選択した VPC（myvpc01）に属するサブネットの一覧が表示されます。CHAPTER 2 で作成したパブリック IP を有効にした「mysubnet01」と、この CHAPTER で作成したプライベート IP のみの「privatesubnet」の選択肢があるので、後者を選択します。

- ［パブリック IP の自動割り当て］は、このインスタンスにパブリック IP アドレスを割り当てるかどうかの設定です。privatesubnet ではパブリック IP アドレスを有効にしていないため、ここでは［無効化］を選択します（［有効化］を選択しても、サブネット側が対応していないため、割り当てられません）。

② ファイアウォール（セキュリティグループ）

- default セキュリティグループを適用したいので、［既存のセキュリティグループを選択する］を選択し、［default］を選択します。

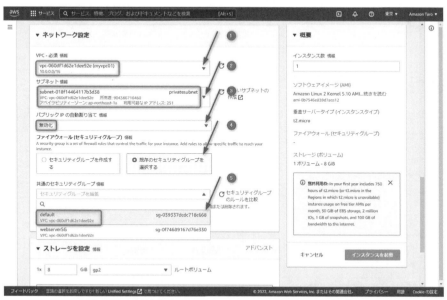

図 6-14　接続先ネットワークとファイアウォールの設定

③ IP アドレスを決め打ちする

ここでは IP アドレスを「10.0.1.10」に決め打ちします。次のように操作します（図 6-15）。

- [高度なネットワーク設定] をクリックします。
- [ネットワークインターフェイス 1] の [プライマリ IP 情報] に、「10.0.1.10」と入力します。

図 6-15　IP アドレスを決め打ちする

【8】 ストレージの設定

- ストレージとして、どのような EBS を割り当てるのかを指定します。ここでは既定のまま変更しません（図 6-16）。

図 6-16　ストレージの設定

156

【9】 確認画面

- 以上で設定は終わりです。画面右側に何を設定したのかのダイジェストが表示されているので、その内容を確認し、問題なければ、[インスタンスを起動] をクリックします（図 6-17）。

図 6-17　インスタンスの起動

　本書の流れでは、mydbserver は 2 つめの EC2 インスタンスです。AWS の 1 年間の無償枠では 1 台の t2.micro インスタンスのみが無料であり、2 台目以降は無償枠の対象ではありません。つまり、インスタンスを作成した段階で、課金が始まります。t2.micro の価格は、本書の執筆時点において、0.0152 ドル/時間。月にすると 11 ドル程度なので、月額 1,500 円程度です。

 Column　default セキュリティグループと SSH

　default セキュリティグループは、「default セキュリティグループが設定された EC2 インスタンス同士で、互いに通信できる」という構成で、それ以外とは、一切通信できません。「それ以外」とは、SSH も含みます。

　つまり default セキュリティグループを設定した場合、default セキュリティグループを設定した EC2 インスタンス以外からは、SSH 接続もできません。

　後続の操作で、mywebserver を default セキュリティグループに属するように設定します（後掲の図 6-19）。そうすることで、mywebserver から、この mydbserver に対して SSH も含めたすべての通信が可能となります。この設定をしなければ、SSH でのログインはできないので注意してください。

> もし VPN で接続するなど、直接 SSH 接続を許したい場合には、このセキュリティグループ
> とは別に、SSH 接続を許したセキュリティグループを作り、追加で設定する（default セキュリ
> ティグループに加えて、SSH 接続を許可するセキュリティグループの計2つのセキュリティグ
> ループを設定する）ように構成します。

6-3-3　Web サーバーのセキュリティグループを変更する

　次に、Web サーバーとなる mywebserver と、いま作成したデータベースサーバー mydbserver
とが通信できるようにセキュリティグループを変更します。

　ここまでの手順では、mydbserver に default セキュリティグループを設定しました。そこで、
mywebserver にも default セキュリティグループを追加で設定し、互いに通信できるようにします。

◎ 操作手順 ◎　　default セキュリティグループを追加で設定する

【1】EC2 インスタンスのセキュリティグループの設定を開く

- mywebserver の EC2 インスタンスを右クリックし、［セキュリティ］→［セキュリティグ
  ループを変更］を選択します（図 6-18）。

図 6-18　セキュリティグループの設定を開く

【2】セキュリティグループを追加する

● セキュリティグループの設定画面が開いたら、［関連付けられたセキュリティグループ］で default セキュリティグループを選択して、［セキュリティグループを追加］ボタンをクリックして追加します。そして［保存］ボタンをクリックします（図 6-19（1）、図 6-19（2））。

図 6-19（1） セキュリティグループを追加する (1)

図 6-19（2） セキュリティグループを追加する (2)

6-3-4 Webサーバーを踏み台にしてアクセスしてみる

この時点で、mywebserver と mydbserver は通信可能なので、mywebserver にいったんログインして mydbserver にアクセスすると、SSH でログインできます。ただし、これを実現するには、mywebserver に、mydbserver にログインするためのキーペアファイルを置いておかなければなりません（図 6-20）。

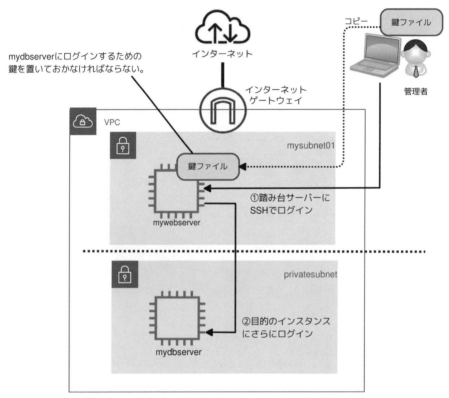

図 6-20　mywebserver にキーペアファイルをコピーする

■ 踏み台サーバーにキーペアファイルをコピーする

Linux の場合、自分のホームディレクトリの~/.ssh ディレクトリにキーペアファイルを配置するのが慣例です。たとえば、Windows クライアントから Tera Term を使ってキーペアファイルをコピーする場合は、次のようにします。

◎ 操作手順 ◎　　　　Windows で Tera Term を使っている場合

【1】mywebserver にログインする

- `mywebserver` に Tera Term でログインします。

【2】ファイルをコピーする

- Tera Term には、ファイルをコピーする SCP 機能が内蔵されています。ここでは、その機能を使ってサーバーにファイルをコピーします。
- ［ファイル］メニューから［SSH SCP］を選択します（図 6-21）。

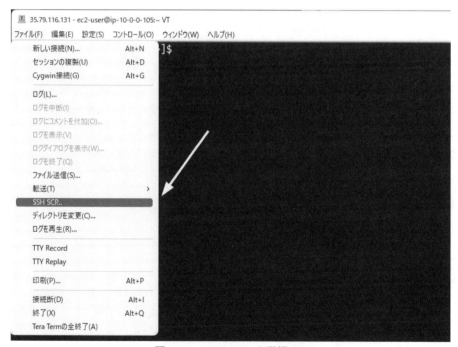

図 6-21　SSH SCP を選択する

【3】ホームディレクトリの~/.ssh にキーペアファイルをコピーする

- AWS のログインに使うキーペアファイル（*.pem）を、サーバーにコピーします。コピー先は「~/.ssh」とします。ここでは、mykey.pem というファイルを転送します（図6-22）。

図6-22　キーペアファイルをコピーする

【4】パーミッションを変更する

- キーペアファイルに、自分以外のユーザーにアクセス権があると、SSH 関連のコマンド操作に失敗します。そこで、たとえば mykey.pem というファイルを~/.ssh ディレクトリに置いた場合、以下のように入力して、パーミッションを変更してください。

```
$ chmod 600 ~/.ssh/mykey.pem   ←パーミッションの変更
```

 Column　WinSCP や FileZilla などのソフトを使う

　ここでは話を簡単にするため、Tera Term に付属の SCP 機能を使ってキーペアファイルをコピーしていますが、より簡単にファイルコピーしたいなら、WinSCP[*2]や FileZilla[*3]などの、ドラッグ＆ドロップ操作でファイルコピーできるツールを利用する方法もあります。

■ macOS の場合

macOS の場合は、ターミナルから scp コマンドを使うことでキーペアファイルをコピーできます。仮に、mywebserver のパブリック IP アドレスが「35.79.116.131」であるとすると、scp コマンドで以下のように実行することで、Mac のカレントディレクトリに置いた mykey.pem を~/.ssh ディレクトリにコピーできます。

```
$ scp -i mykey.pem mykey.pem ec2-user@35.79.116.131:~/.ssh/   ← mykey.pem のコピー
```

Windows の場合と同様に、キーペアファイルをコピー後に、SSH で mywebserver にログインして、以下のようにパーミッションを変更する必要があります。

```
$ chmod 600 ~/.ssh/mykey.pem   ←パーミッションの変更
```

■ 踏み台からプライベート IP を持つサーバーにログインする

これまでの操作でログインする準備が整いました。ここまでの手順で mydbserver には、「10.0.1.10」という IP アドレスを割り当てました。そのため、キーペアファイルが~/.ssh/mykey.pem であるなら、mywebserver 上から次のように入力することで、mydbserver に接続できるはずです。

```
$ ssh ec2-user@10.0.1.10 -i ~/.ssh/mykey.pem   ←   mydbserver に接続
```

初回に限り、次のように尋ねられるので、ここでは [yes] と入力してください。

```
The authenticity of host '10.0.1.10 (10.0.1.10)' can't be established.
ECDSA key fingerprint is              ……省略……
Are you sure you want to continue connecting (yes/no)?yes Enter
```

すると、mydbserver にログインできます（図 6-23）。

＊2　WinSCP
　　　https://winscp.net/

＊3　FileZilla
　　　https://filezilla-project.org/

```
35.79.116.131 - ec2-user@ip-10-0-1-10:~ VT                              —  □  ×
ファイル(F)  編集(E)  設定(S)  コントロール(O)  ウィンドウ(W)  ヘルプ(H)
[ec2-user@ip-10-0-0-105 .ssh]$ ssh ec2-user@10.0.1.10 -i ~/.ssh/mykey.pem
The authenticity of host '10.0.1.10 (10.0.1.10)' can't be established.
ECDSA key fingerprint is SHA256:GDNC8n+nDabXDKi5MNwoDdTU60SLaNOA8BLeEGLjXXI.
ECDSA key fingerprint is MD5:46:8d:27:1e:ec:65:db:c5:23:2a:ee:d8:dd:a9:a2:ee
.
Are you sure you want to continue connecting (yes/no)? yes
Warning: Permanently added '10.0.1.10' (ECDSA) to the list of known hosts.
Last login: Wed Jul 13 01:09:49 2022 from 10.0.0.105

      __|  __|_  )
      _|  (     /    Amazon Linux 2 AMI
     ___|\___|___|

https://aws.amazon.com/amazon-linux-2/
[ec2-user@ip-10-0-1-10 ~]$
```

図 6-23　mydbserver にログインしたところ

　どちらのインスタンスにログインしているのかわかりにくいのですが、Amazon Linux 2 の場合、コマンドプロンプトにインスタンスの IP アドレスが表示されています。

```
[ec2-user@ip-10-0-1-10 ~]$    ←プロンプトに IP アドレスが表示される
```

　上のように「ip-10-0-1-10」であれば、「10.0.1.10」の IP アドレスのサーバー（つまり、mydbserver）を操作していることがわかります。ログイン先である mydbserver 上での操作をやめて、元の mywebserver での操作に戻るには、exit と入力してログアウトします。

```
[ec2-user@ip-10-0-1-10 ~]$ exit
```

 Column　ポートフォワードで接続する

　本書では、話をわかりやすくするため、一度、踏み台サーバーにログインしてから、目的のサーバーにログインしていますが、SSH のポートフォワード機能を使ってログインすることもできます。
　ポートフォワード機能とは、通信を転送する機能です。利用するソフトウェアによってやり

方は異なりますが、Tera Term を使う場合は、次のようにします。

◎ 操作手順 ◎　　　　ポートフォワードで接続する

【1】踏み台のサーバーに Tera Term で接続する

まずは踏み台のサーバー（mywebserver）に、Tera Term で接続します。

【2】ポートフォワードを設定する

接続後、Tera Term の［設定］メニューから［SSH 転送］を選択します。するとポート転送の画面が表示されるので、［追加］ボタンをクリックして、ポートの転送を設定します（図 6-24（1））。

「ローカルのポート」と「リモート側ホスト/ポート」の設定があります。ローカルのポートとは、「Tera Term を動かしている PC のポート」です。任意のポートを設定できますが、ここでは仮に「2222」を設定します。

リモート側ホスト/ポートは、その転送先です。ここでは mydbserver に接続したいので、その IP アドレスである「10.0.1.10」を入力します。ポートには、SSH のポート番号である「22」を設定します（図 6-24（2））。

設定したら［OK］ボタンをクリックして、適用します（図 6-24（3））。

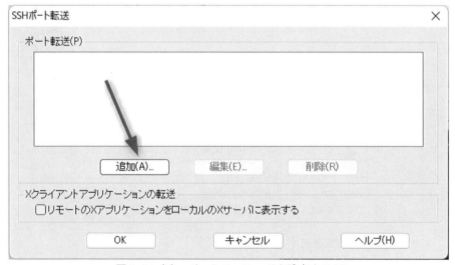

図 6-24（1）　ポートフォワードを設定する (1)

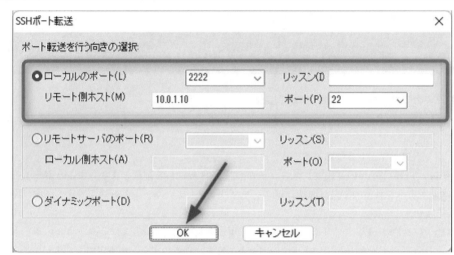

図 6-24（2） ポートフォワードを設定する (2)

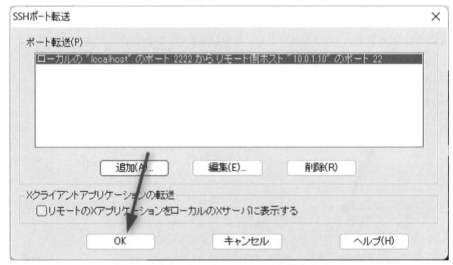

図 6-24（3） ポートフォワードを設定する (3)

【3】 転送設定したポートに接続する

この設定をすると、図 6-25 に示すように「自分の PC のポート 2222」が、「10.0.1.10 のポート 22」に転送されるように構成されます。

この状態で（言い換えると、この Tera Term のウィンドウを開いたまま）、［ファイル］メニューから［新しい接続］を選択して、もうひとつ Tera Term のウィンドウを開き、「localhost（これは自分の PC という意味です）」の「ポート 2222」に接続します（接続のユーザー名は、踏

み台から接続するときと同じく ec2-user で、鍵も同じです）（図 6-26）。すると、10.0.1.10
に SSH 接続できます。

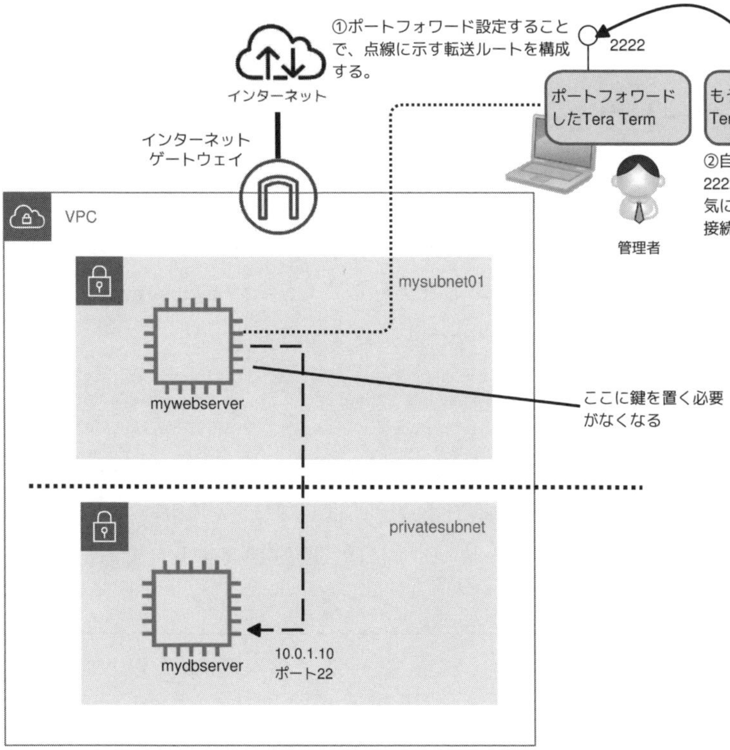

図 6-25　ポートフォワードを設定したときの動作

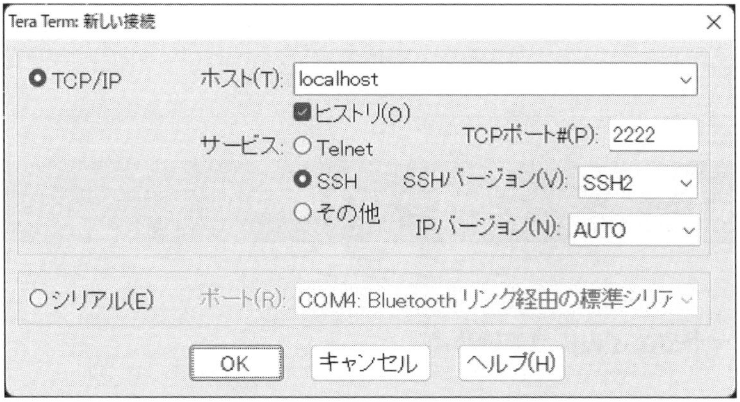

図 6-26　localhost（自分の PC）のポート 2222 に接続すると転送される

> ポートフォワードの利点は、SSH の鍵を踏み台のサーバーに置かなくても済むので、鍵が盗まれる恐れがないという点です。実際に運用するときは、このようなポートフォワードを使うのがよいでしょう。

6-3-5　NAT ゲートウェイを構成する

さて、これから mydbserver にデータベースソフトをインストールしていきたいと思います。具体的には、MariaDB をインストールするのですが、この状態で、MariaDB をインストールするためのコマンドとして、以下のように yum コマンドを実行しても、この mydbserver インスタンスはインターネットに接続できないので、インストールできません。

```
$ sudo yum install -y mariadb-server ←いまは実行できない
```

そこで、この mydbserver をインターネットに接続できるようにするため、NAT ゲートウェイを構成します。図 6-5 に示したように、NAT ゲートウェイはパブリックなサブネット（本書の場合は、mysubnet01）に配置します。NAT ゲートウェイには、静的 IP アドレスである Elastic IP を割り当てます。

 Memo　NAT ゲートウェイの料金

NAT ゲートウェイは、1 年間の無償利用枠の対象外です。本書の執筆時点では、1 時間当たり 0.062 ドル、月にして約 45 ドル。日本円にして 7000 円弱の費用がかかるので注意してください。あとで説明しますが、プライベート IP のインスタンスにソフトウェアをインストールしたり更新したりするのだけが目的であれば、都度、作成して、使わないときは削除しておくのがよいでしょう。

◎ 操作手順 ◎　　　　NAT ゲートウェイを構成する

【1】NAT ゲートウェイの作成を始める

- AWS マネジメントコンソールの［VPC］メニューから［NAT ゲートウェイ］を選択します。［NAT ゲートウェイを作成］をクリックして、NAT ゲートウェイの作成を開始します。

【2】サブネットと Elastic IP を割り当てる

NAT ゲートウェイに名前を付け、配置するサブネットと割り当てる Elastic IP を設定します。

- [名前]の部分に、任意の名称を入力します。ここでは「my-natgw」という名前にします。名前はタグの Name キーに相当するもので、入力すると、下の[タグ]の部分にも、同じものが自動的に設定されます。

- [サブネット]の部分で、配置するサブネットを選択します。ここではパブリックサブネットである「mysubnet01」を選択します。

- ここで作る NAT ゲートウェイでは、インターネットに接続したいので、[接続タイプ]で[パブリック]を選択します。

- 割り当てる Elastic IP を設定します。まだ IP アドレスを確保していないので、選択肢が空欄であるはずです。そこで[Elastic IP を割り当て]をクリックします（図 6-27 (1)）。すると Elastic IP アドレスが確保され、選択できるようになるので、それを選択します（図 6-27 (2)）。

- [NAT ゲートウェイを作成]を選択すると、作成されます。

　[Elastic IP を割り当て]をクリックすると、その時点で、どこにも割り当てられていない Elastic IP アドレスが確保されます。この操作のあと、NAT ゲートウェイを作成せずにキャンセルすると、割り当てた Elastic IP は、未使用の Elastic IP となり、課金の対象になるので注意してください（詳しくは p.106「4-9　Elastic IP」を参照してください）。

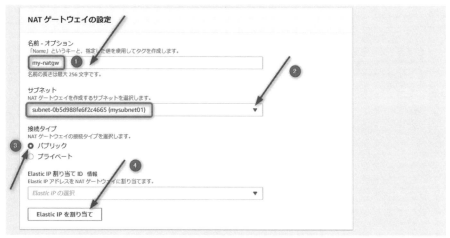

図 6-27 (1)　NAT ゲートウェイの作成を始める（この画面で[Elastic IP を割り当て]をクリックする）

Column　パブリック NAT ゲートウェイとプライベート NAT ゲートウェイ

　NAT ゲートウェイには、パブリック NAT ゲートウェイとプライベート NAT ゲートウェイの 2 種類があり、図 6-27（1）の［接続タイプ］で設定します。本書では［パブリック］を選択し、パブリック NAT ゲートウェイとして構成しています。
　パブリック NAT ゲートウェイは、Elastic IP アドレスを割り当てて、インターネットに出て行く目的で用いるものです。対してプライベート NAT ゲートウェイは、それ以外のネットワーク（たとえば他の VPC やオンプレミスのネットワーク）に接続するときに使います。

図 6-27（2）　NAT ゲートウェイの設定（割り当てられたあと）

【3】NAT ゲートウェイの完成

- NAT ゲートウェイができました（図6-28）

図6-28　NAT ゲートウェイができた

【4】ルートテーブルを新規作成する

- プライベート IP を持つサブネットから NAT ゲートウェイを経由してインターネットに出て行けるようにするには、その経路をルートテーブルとして構成しなければなりません。［ルートテーブル］メニューを開き、［ルートテーブルを作成］をクリックします（図6-29）。

図6-29　ルートテーブルを作り始める

【5】VPC を選び名前を付ける

- ［名前］の部分に任意の名前を付けます。ここでは「nattable」と名付けます（これはタグの Name キーに相当する値であるので、［タグ］の Name キーにも同じ値が自動で入力されます）。そして［VPC］の部分で VPC を選択します。ここでは「myvpc01」を選択します。［ルートテーブルを作成］をクリックして、作成します（図6-30）。

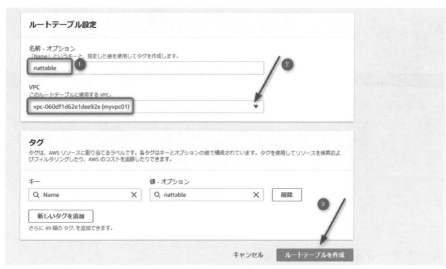

図 6-30　ルートテーブルを作成する

【6】ルートを編集する

- ［ルート］タブの［ルートを編集］ボタンをクリックして、ルートを編集します（図 6-31）。

図 6-31　ルートを編集する

【7】ルートを追加する

- ルートを追加するため、［ルートを追加］ボタンをクリックします（図 6-32）。

図 6-32　ルートを追加する

【8】デフォルトゲートウェイを NAT ゲートウェイに設定する

- 「0.0.0.0/0」（デフォルトゲートウェイ）を、NAT ゲートウェイに設定するルートを追加します（図 6-33（1））。
- 追加したら［変更を保存］をクリックして、保存します。これでルートテーブルの編集は完了です（図 6-33（2））

図 6-33（1）　NAT ゲートウェイをデフォルトゲートウェイとして構成する

図 6-33（2）　NAT ゲートウェイをデフォルトゲートウェイとして構成する

【9】プライベートサブネットのルートテーブルとして適用する

- ［サブネット］をクリックして、サブネット一覧を表示します（図 6-34）。
- ここで［privatesubnet］を選択し、［ルートテーブル］の［ルートテーブルの関連付けを編集］ボタンをクリックします。
- そして手順【8】までで作成しておいた nattable に変更し、［保存］ボタンをクリックします（図 6-35）。

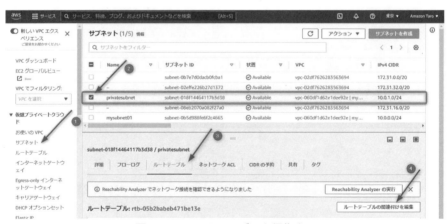

図 6-34　ルートテーブルを編集する

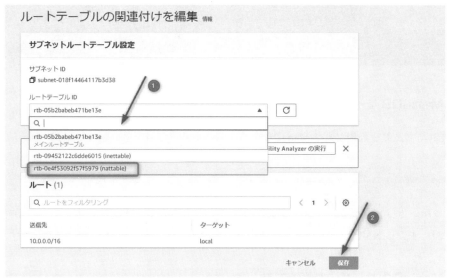

図 6-35 nattable に変更する

以上でネットワークの構築は終わりです。

6-3-6 WordPress をインストールする

プライベートネットワークの構築が終了したので、mydbserver からインターネットに接続できるようになり、インターネットからソフトウェアパッケージをダウンロードしてインストールできるようになりました。最後に、mywebserver や mydbserver に必要なソフトをインストールして、WordPress を稼働させていきましょう。

■ mydbserver をデータベースサーバーとして構成する

まずは、mydbserver がデータベースサーバーとして動くように設定します。先に説明したように、mywebserver を踏み台にして mydbserver に SSH でログインしてください。その状態で、以下の操作を行います。

ここではデータベースソフトウェアとして MariaDB を使います。MariaDB をインストールして、WordPress から利用できるようにするには、次のようにします。

```
◎ 操作手順 ◎          MariaDB を構築して WordPress で利用できるよう
                     にする
```

【1】 MariaDB をインストールする

- 次のコマンドを入力して、MariaDB をインストールします。

```
$ sudo yum install -y mariadb-server   ← MariaDB のインストール
```

このコマンドは、必要なパッケージをダウンロードするので、インターネットへの接続が不可欠ですが、すでに NAT ゲートウェイを構成しているので、正しくダウンロードできます。

【2】 MariaDB サーバーを起動する

- MariaDB サーバーを起動します。次のように入力します。

```
$ sudo systemctl start mariadb   ← MariaDB サーバーの起動
```

【3】 root ユーザーで MariaDB を操作する

- root ユーザーで MariaDB を操作するため、mysql コマンドを入力します。初期パスワードは空なので、パスワードが求められたら、そのまま (Enter) キーを押してください。

> MariaDB は、MySQL の開発者たちがスピンアウトして作ったオープンソースのデータベースです。操作コマンドが「mysql」など、MySQL 由来のものなのは誤記ではなく、互換性のためです。mysql と入力しても、（MySQL ではなく）MariaDB が起動します。

```
$ mysql -u root -p   ← MariaDB に root ユーザーで接続する
```

【4】 WordPress で利用するユーザーを作る

- root ユーザーで MariaDB に接続すると、MariaDB のコマンドプロンプトが表示されて、データベースを操作できるようになります。

```
MariaDB [(none)]
```

- まずは、WordPress で利用するユーザーを作ります。このときパスワードも設定します。た
とえば、「ユーザー名が wordpress」「パスワードが mypassword」でユーザーを作るには、次の
ようにします（mypassword は、あくまでも例です。実際には、もっと複雑なパスワードを設
定してください）。

```
MariaDB [(none)] > CREATE USER 'wordpress' IDENTIFIED BY 'mypassword';
```

【5】データベースを作成する

WordPress で利用するデータベースを作成し、【4】のユーザーに全権限を与えます。

- ここでは「wordpressdb」という名前のデータベースを作ります。CHARACTER SET 以降は、
文字コードを 4 バイトの Unicode に対応するためのものです。指定しなくても基本動作とし
て支障ありませんが、絵文字などが正しく扱えません。

```
MariaDB [(none)] > CREATE DATABASE wordpressdb CHARACTER SET utf8mb4 COLLATE
utf8mb4_bin;
```

- wordpress ユーザーに対して全権限を与えます。

```
MariaDB [(none)] > GRANT ALL PRIVILEGES ON wordpressdb.* TO 'wordpress';
```

- 設定を有効にするためフラッシュします。

```
MariaDB [(none)] > FLUSH PRIVILEGES;
```

- 操作を終了します。

```
MariaDB [(none)] > exit
```

Column　root ユーザーにパスワードを設定する

　MariaDB の root ユーザーのパスワードを変更するには、MariaDB サーバーに root ユーザーで接続したあと、以下のように入力してください。

```
MariaDB [(none)] > UPDATE mysql.user SET password=password( '新しいパスワード' )\
 WHERE user = 'root';
MariaDB [(none)] > FLUSH  PRIVILEGES;
```

【6】データベースが自動起動するようにする

- この EC2 インスタンスが起動したときに、MariaDB も自動的に起動するようにするため、次のコマンドを実行します。

```
$ sudo systemctl enable mariadb  ← MariaDB をインスタンス起動時に自動起動させる
```

■ WordPress を構築する

　次に、Web サーバー（mywebserver）に WordPress を構築します。mydbserver からログオフし、今度は、mywebserver 上で操作してください。

◎ 操作手順 ◎　　　WordPress のインストール

【1】適当な作業用ディレクトリを作る

- mywebserver 上で、適当な作業用ディレクトリを作ります。ここでは、wordpress というディレクトリを作り、そこにカレントディレクトリを移動します。

```
$ cd ~
$ mkdir wordpress
$ cd wordpress
```

【2】ソースコードの入手

- ソースコードを入手します。wget コマンドを入力すると入手できます。

```
$ wget https://wordpress.org/latest.tar.gz  ←WordPress のダウンロード
```

【3】展開する

- 【2】で入手したファイルを展開します。展開すると wordpress ディレクトリができ、その
  なかに展開されます。

```
$ tar xzvf latest.tar.gz  ←アーカイブファイルを展開する
```

【4】初期設定する

初期設定ファイルの雛形が wp-config-sample.php という名前で用意されています。

- wp-config-sample.php を wp-config.php にコピーして、各種設定変更します。まずは、コ
  ピーしましょう。

```
$ cd wordpress
$ cp wp-config-sample.php wp-config.php  ←設定ファイルのコピー
```

- vi エディタなどで、wp-config.php を修正します。設定変更の場所は、「データベースの接
  続」情報と「認証キー」情報の 2 つがあります。

① データベースの接続情報

```
// ** Database settings - You can get this info from your web host ** //
/** The name of the database for WordPress */
define( 'DB_NAME', 'database_name_here' );

/** Database username */
define( 'DB_USER', 'username_here' );

/** Database password */
```

```
define( 'DB_PASSWORD', 'password_here' );

/** Database hostname */
define( 'DB_HOST', 'localhost' );
```

- 接続先は、DB_HOST です。これは mydbserver の IP アドレスである「10.0.1.10」を指定します。
- 残る DB_NAME（データベース名）、DB_USERNAME（データベースユーザー名）、DB_PASSWORD（データベースパスワード）も、先ほど MariaDB をインストールしたときに設定したものに合わせて、次のように修正します。

```
// ** Database settings - You can get this info from your web host ** //
/** The name of the database for WordPress */
define( 'DB_NAME', 'wordpressdb' );

/** Database username */
define( 'DB_USER', 'wordpress' );

/** Database password */
define( 'DB_PASSWORD', 'mypassword' );

/** Database hostname */
define( 'DB_HOST', '10.0.1.10' );
```

② 認証キー

```
/**#@+
 * Authentication unique keys and salts.
 *
 * Change these to different unique phrases! You can generate these using
 * the {@link https://api.wordpress.org/secret-key/1.1/salt/ WordPress.org secre
t-key service}.
 *
 * You can change these at any point in time to invalidate all existing cookies.
 * This will force all users to have to log in again.
 *
 * @since 2.6.0
 */
define( 'AUTH_KEY',         'put your unique phrase here' );
define( 'SECURE_AUTH_KEY',  'put your unique phrase here' );
define( 'LOGGED_IN_KEY',    'put your unique phrase here' );
```

```
define( 'NONCE_KEY',        'put your unique phrase here' );
define( 'AUTH_SALT',        'put your unique phrase here' );
define( 'SECURE_AUTH_SALT', 'put your unique phrase here' );
define( 'LOGGED_IN_SALT',   'put your unique phrase here' );
define( 'NONCE_SALT',       'put your unique phrase here' );

/**#@-*/
```

これらはランダムな値を設定する必要があります。以下の URL にアクセスすると、都度、ランダムな設定ファイルが表示されます。

```
https://api.wordpress.org/secret-key/1.1/salt/
```

Web ブラウザでアクセスして、表示された内容で差し替えてください（図 6-36）。

図 6-36　認証キーにアクセスする

【5】ドキュメントルートに移動する

これらのファイルを Apache から参照可能な場所に配置します。

- 既定では、「/var/www/html」以下が Apache のドキュメントルート（ブラウザからアクセスしたときに「/」に相当するディレクトリのこと）なので、展開したのと設定ファイルを修正した WordPress ファイル群を、ドキュメントルートに移動します。

```
$ sudo mv * /var/www/html/    ←ファイルをドキュメントルートに移動する
```

【6】PHP をインストールする

- `amazon-linux-extras` コマンドを使い、PHP をインストールします。

 Memo　`amazon-linux-extras` コマンド

　`amazon-linux-extras` コマンドは、Amazon が提供するリポジトリからソフトウェアパッケージをインストールするコマンドです（p.183 の Column を参照）。php8.0 をインストールすると、MariaDB などのデータベースに接続するためのドライバも合わせてインストールされます。

```
$ sudo amazon-linux-extras install -y php8.0   ← PHP のインストール
```

- 実行に必要となる追加のライブラリとして、php-mbstring（マルチバイト文字ライブラリ）と php-gd（グラフィックライブラリ）をインストールします。

```
$ sudo yum -y install php-mbstring php-gd
```

【7】Apache の再起動

- PHP を有効にするため、Apache を再起動します。

```
$ sudo systemctl restart httpd   ← Apache の再起動
```

以上で WordPress の設定は完了です。

Apache が稼働しているのなら、mywebserver のパブリック IP アドレスに対して、Web ブラウザでアクセスすると、WordPress の初期設定画面が表示されます。

```
http://パブリック IP アドレス/
```

ここでウィザードに従っていくと、WordPress が使えるようになります（図 6-37）。ウィザードの通りに WordPress のインストトールを完了させてください。インストールが完了すると、WordPress のトップページが表示されます。

CHAPTER 7 では、インストール後の WordPress に対して、修正作業をしていきます。ウィザードを進め

ない、もしくは、途中でやめてしまうと、CHAPTER 7 での操作に失敗するので、この段階でインストールを完了し、WordPress のトップページが表示されるところまでを確認しておいてください。

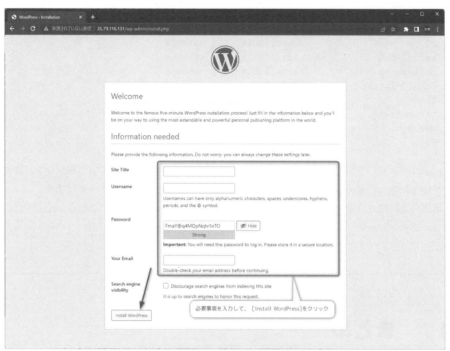

図 6-37　WordPress の初期設定

　Column　`amazon-linux-extras` コマンド

　`amazon-linux-extras` コマンドは、Amazon Linux において、Amazon が提供する amazon-linux-extras リポジトリに登録されているパッケージをインストールしたりアンインストールしたりするコマンドです。コマンドラインから何も引数を指定せずに実行すると、インストール可能なパッケージ一覧が表示されます。

```
$ amazon-linux-extras
0  ansible2              available    \
     [ =2.4.2  =2.4.6  =2.8  =stable ]
2  httpd_modules         available    [ =1.0  =stable ]
3  memcached1.5          available    \
     [ =1.5.1  =1.5.16  =1.5.17 ]
5  postgresql9.6         available    \
```

```
       [ =9.6.6  =9.6.8  =stable ]
  6  postgresql10         available    [ =10  =stable ]
… 略 …
 44  python3.8            available    [ =stable ]
 45  haproxy2             available    [ =stable ]
 46  collectd             available    [ =stable ]
 47  aws-nitro-enclaves-cli  available  [ =stable ]
 48  R4                   available    [ =stable ]
  _  kernel-5.4           available    [ =stable ]
 50  selinux-ng           available    [ =stable ]
 51  php8.0=latest        enabled      [ =stable ]
 52  tomcat9              available    [ =stable ]
 53  unbound1.13          available    [ =stable ]
 54  mariadb10.5          available    [ =stable ]
… 略 …
```

　yum コマンドでインストールできない、もしくは、yum コマンドでは古いバージョンしか対応していない場合には、amazon-linux-extras コマンドを使ってインストールします。

　本書の流れにおいて、PHP のインストールをする際に、yum コマンドではなく amazon-linux-extra コマンドを使っているのは、yum コマンドでインストールできる PHP のバージョンが古いためです。

6-4　まとめ

　この CHAPTER では、「踏み台サーバーを用いたログイン」と「NAT ゲートウェイ」について説明しました。

① 踏み台サーバーを用いたログイン

- プライベート IP アドレスしか持たない EC2 インスタンスに SSH でログインするには、パブリック IP アドレスを持つなんらかの EC2 インスタンスにログインし、そこから目的の EC2 インスタンスにログインします。

② NAT ゲートウェイ

- NAT ゲートウェイは、プライベート IP アドレスしか持たない EC2 インスタンス群が、インターネットと通信できるようにする機能を提供します。
- NAT ゲートウェイを構成することによって、プライベート IP アドレスしか持たない EC2 インスタンスも、インターネットを使った OS のアップデートやソフトウェアパッケージのイ

ンストールが可能となります。

● NAT ゲートウェイには Elastic IP アドレスが割り当てられ、その静的 IP でインターネットに出て行きます。

● NAT ゲートウェイを使うときの注意点は、2 つあります。1 つは、パブリックなサブネットに配置すること、もう 1 つは、プライベートサブネットのルートテーブルを編集し、NAT ゲートウェイをデフォルトゲートウェイとして設定することです。

次の CHAPTER では、この Web サーバーをドメイン名で接続できるようにするほか、負荷分散する構成をとる方法について説明します。

Column　NAT ゲートウェイを削除する

　NAT ゲートウェイは作成したままだと、ずっと課金が発生します。使わなくなったら、削除して課金を抑えましょう。

　削除するには、NAT ゲートウェイを右クリックして、［NAT ゲートウェイを削除］を選択します（図 6-38）。すると、確認メッセージが表示されるので、「削除」と入力して、［削除］ボタンをクリックすると削除されます（図 6-39）。

　削除しても、これをデフォルトゲートウェイとしていたルートテーブルは自動で削除されませんが、ルートを確認すると「バックホール」と表示され、設定したルート情報は無効化されていることがわかります。新しく NAT ゲートウェイを作ったときは、その NAT ゲートウェイがデフォルトゲートウェイとなるよう、バックホールとなっているルート情報を修正します（図 6-40）。

図 6-38　NAT ゲートウェイを削除する

図 6-39　削除の確認

図 6-40　NAT ゲートウェイを宛先としていたルート情報はバックホールとなる

Column　セッションマネージャで EC2 を管理する

　「AWS Systems Manager」は、EC2 インスタンスの状態を確認したり、パッチを適用したり、メンテナンスのタスクを実行したりするなど、運用管理をマネジメントするサービスです。この機能のなかに、「セッションマネージャ」という機能があり、「4-8　ブラウザから EC2 インスタンスに接続する」で説明した「EC2 Instance Connect」と同様に、ブラウザから EC2 インスタンスを操作できます。

　使い勝手は EC2 Instance Connect と同じですが、セッションマネージャは SSH を使うのではなく、EC2 インスタンスに対して事前に「SSM Agent」というソフトをインストールしておき、それを経由して制御します。SSH ではないので、アクセスの際、鍵は利用しません。

　VPC と AWS サービスとを接続できる PrivateLink という機能（詳細は CHAPTER8 で解説）を構成すれば、パブリック IP が割り当てられていない環境でも、ブラウザから EC2 インスタンスにログインして操作できるようになります。

　セッションマネージャを使うには、次の設定が必要です。

① SSM Agent がインストールされていること
　SSM Agent はセッションマネージャと通信するプログラムです。Amazon Linux 2 には、既定でインストールされています。

② セッションマネージャ許可を持つ IAM ロールを割り当てること
　セッションマネージャ許可を持つ IAM ロール（IAM ロールとは、EC2 インスタンスや AWS リソース上で実行するプログラムなど、人間以外に対する権限設定をするときに使う要素です）を作り、操作したい EC2 インスタンスに割り当てます。

③ （プライベート IP アドレス環境で利用する場合）セッションマネージャと通信するための PrivateLink を構成する
　プライベート IP アドレス環境で利用する場合は、PrivateLink という仕組みを使って、VPC とセッションマネージャとが接続できるようにする接続点を構成します。

　①と②の手順は、比較的簡単です。AWS マネジメントコンソールで［Systems Manager］のメニューを開き、［高速セットアップ］メニューを開き、［Host Management］の［作成］をクリックするだけで導入できます（図 6-41、図 6-42）。

※　変更を EC2 インスタンスに反映するには、EC2 インスタンスの再起動が必要です。

図 6-41 ［高速セットアップ］で Host Management を作成する

図 6-42 すべての EC2 インスタンスで有効にするなら、既定のまま［作成］をク
リックするだけでよい

　このように構成すると、パブリック IP の環境であれば、EC2 インスタンスの［接続］メニューにおいて、［セッションマネージャ］タブの［接続］ボタンがクリックできるようになり、クリックすると、ブラウザからログインして操作できます（図 6-43、図 6-44）。

図 6-43　セッションマネージャで接続する

図 6-44　セッションマネージャで接続したところ

　プライベート IP 環境の場合は、さらに③の設定が必要です。複雑なので本書での説明は省きますが、「8-1-3　インターフェイスエンドポイントと PrivateLink」で説明するのと同様の方法で、次の 3 つの PrivateLink を作ります。そうすれば、パブリック IP が割り当てられていない EC2 インスタンスも操作できるようになります。

- com.amazonaws. リージョン名.ssm
- com.amazonaws. リージョン名.ec2messages
- com.amazonaws. リージョン名.ssmmessages

詳しくは、以下のドキュメントを参照してください。

◎ AWS Systems Manager Session Manager のドキュメント

https://docs.aws.amazon.com/ja_jp/systems-manager/latest/userguide/session-manager.html

CHAPTER 7

ドメイン名でのアクセスと負荷分散

これまで VPC の基本を説明してきましたが、本番運用では、まだいくつかの課題があります。そのひとつは、ドメイン名です。エンドユーザー向けのサービスを提供する場合には、IP アドレスではなくドメイン名でアクセスできるようにしたいと思うはずです。もうひとつは、障害対策です。障害が発生したときでもシステム全体が止まらないようにするため、冗長構成をとらなければならないことも多いでしょう。

この CHAPTER では、この 2 つを解決するときに使う、Route 53 と ELB について説明します。

7-1　　Route 53

これまで構築してきた Web サーバーには Elastic IP を設定し、静的な IP アドレスを割り当ててきました（「4-9　Elastic IP」を参照）。ですからブラウザで「http://35.79.116.131/」[*1]のように、割り当てた IP アドレスでアクセスできます。

しかし多くの場合、IP アドレスではなく、「http://www.example.co.jp/」のようなドメイン名でアクセスできるようにしたいはずです。そのようにしたいときは、DNS サーバーを構成します。

7-1-1　　DNS サーバーの仕組み

ドメイン名は、インターネットにおいて組織を識別する英数字の名称です。その組織に属するサーバーなどの機器名、メールアドレス、その他付加情報を取り扱います。ドメイン名を取り扱うのが、DNS サーバーです。サーバーなどの機器名と IP アドレスとの関連付け、メールの受信や送信を担当するサーバー名などを管理します。管理項目は「レコード」として登録します。登録する情報の種類によって、いくつかのレコードがあります。

「example.co.jp」のドメインを持つ組織が、所有するサーバーに対して「http://www.example.co.jp/」のような URL でアクセスできるようにするには、example.co.jp を管理する DNS サーバーに対して、「A レコード」と呼ばれるレコードを登録します。

A レコードは、サーバーなどの機器名と IP アドレスとを関連付ける設定項目です。今回のようにサーバーの IP アドレスが「35.79.116.131」であれば、example.co.jp を管理する DNS サーバーに対して、次のように「www → 35.79.116.131」を示す A レコードを登録します。

```
www      IN      A      35.79.116.131
```

このとき名称である「www」のことを「ホスト名」と言い、ホスト名とドメイン名をつなげた名前を「FQDN（完全修飾ドメイン名）」と言います。この例では、完全修飾ドメイン名は「www.example.co.jp」です[*2]。

インターネットでは、各自が設置した、それぞれのドメインを担当する DNS サーバーに問い合わせを送るため、全世界に 13 箇所あるルート DNS サーバーをトップとした、問い合わせの階層構造が構成されています。ドメイン名でアクセスしようとするユーザー（ブラウザに

---

* 1　35.79.116.131 は、「4-9　Elastic IP」で割り当てた IP アドレスの一例です。皆さんの環境では、これとは違う静的な IP アドレスのはずです。以下、適宜、読み替えてください。
* 2　サーバーに「www」という名称を付けているのは慣例であり、どのような名称を付けるのかは自由です。「myserver IN A 35.79.116.131」という設定をすれば、「http://myserver.example.co.jp/」でアクセスできるようになります。

「http://www.exmple.co.jp/」などと入力したユーザー）は、プロバイダや社内ネットワークの
DNS サーバーに「www.example.co.jp」の問い合わせを出します[*3]。この問い合わせによって、
ルート DNS サーバーに問い合わせが発生します。ルート DNS サーバーは、さらに該当ドメイン
を担当する DNS サーバーに対して、問い合わせを出します（この問い合わせは、多階層で構成さ
れ再帰的に問い合わせが実行されることもあります）（図 7-1）。

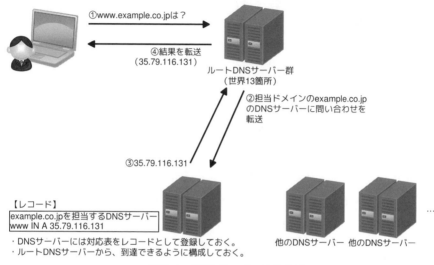

図 7-1　DNS サーバーの仕組み

　こうした仕組みなので、DNS サーバーは設置するだけでは問い合わせを受けることができませ
ん。問い合わせを受けるには、DNS サーバーを設置したあと、ルート DNS サーバーから辿れる
ように申請しなければなりません。この申請は、「ドメインを取得した事業者（レジストラ）」を
通じて行います。どのような設定が必要なのかは、事業者によって異なります（ほとんどの場合、
ドメイン管理のフォームに必要事項を入力すると、即日、もしくは、1〜2 営業日で設定してくれ
ます）。

7-1-2　Route 53 サービス

　DNS サーバーは、EC2 インスタンスに BIND（named）などの DNS サーバーソフトウェアをイ
ンストールして構築できますが、AWS の場合は、通常この方法はとりません。AWS には、Route

＊3　DNS のレコードには、キャッシュの有効時間の設定（のちに説明する。TTL の設定値）があり、もし以前に
　　問い合わせをしていて、そのキャッシュ時間を越えていない場合は、問い合わせをせず、キャッシュしてい
　　た内容を使います。以降のルート DNS サーバーへの問い合わせや、該当ドメインを担当する DNS サーバー
　　についても同様です。

53 という DNS サーバーサービスがあるからです。

　Route 53 サービスを使うと、AWS マネジメントコンソールで設定するだけで、ホスト名と IP アドレスを関連付けるレコードを設定できます。また、Route 53 サービスでは、新規ドメインの取得もできます。

Route 53
サービス

example.co.jp

www IN A 35.79.116.131

図 7-2　Route 53 サービスを使ってドメインを管理する

7-1-3　独自ドメインを取得して運用する

　実際に、Route 53 サービスを使って独自ドメインを運用するには、どのようにすればよいのでしょうか。ここでは、Route 53 サービスで新規にドメインを取得して運用する方法を説明します（既存のドメインを移行する場合は、p.201「Column　既存のドメインを使いたいときは」を参照してください）。

■ ドメインを新規に申請する

　ドメインを新規に取得したいときは、次のように操作して申請します。「.com」「.net」「.org」や「.jp」などをはじめ、たくさんの種類のトップレベルドメインに対応しています（費用は、トップレベルドメインの種類によって異なります）。

◎ 操作手順 ◎　　　Route 53 でドメインを新規に申請する

【1】Route 53 のメニュー画面を開く

● AWS マネジメントコンソールのホーム画面から、Route 53 を開きます（図 7-3）。開いたら、［ドメイン］メニューの［登録済みドメイン］を開いて、ドメイン一覧画面を開きます（図 7-4）。

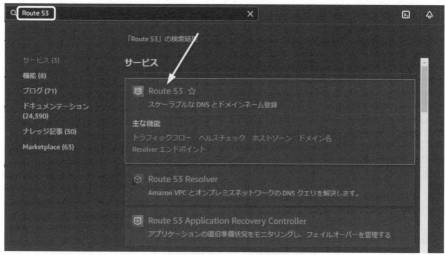

図 7-3　Route 53 を開く

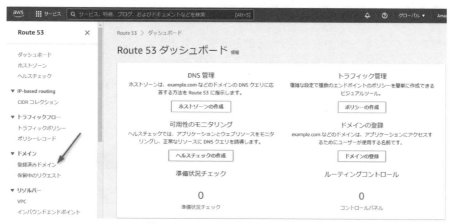

図 7-4　ドメイン一覧画面を開く

【2】ドメインの登録を始める

● 新しいドメイン名を登録したいので、［ドメインの登録］をクリックします（図7-5）。

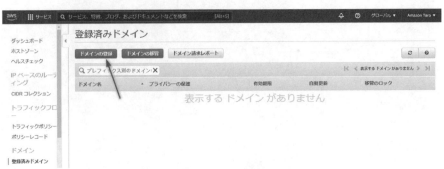

図 7-5　ドメインの登録を始める

【3】希望ドメインを選んでカートに入れる

● 希望のドメイン名を入力し、［チェック］ボタンをクリックして、そのドメインが利用可能
かどうかを確認します。ドメイン名は、トップレベルドメイン（一番右側の「.jp」「.net」
「.com」などの名称）によって、価格が異なります。ここでは「net」を選んでみました（図
7-6）。

図 7-6　希望ドメインが使えるか確認する

ドメインの使用料は年額です。AWS 無料枠の対象外です。

- 利用可能であれば、[カートに入れる] ボタンをクリックしてカートに追加します（図7-7）。
- 一番下の［続行］をクリックして、次の画面に進みます（図7-8）。

図7-7　希望ドメインをカートに入れる

図7-8　次の画面に進む

【4】連絡先情報の入力

- 住所、氏名、電話番号（日本の場合、国情報は「81」です）、メールアドレスなどの連絡先情報を、英語で入力します（図7-9）。
- 図7-9の一番下の［プライバシーの保護］は、入力した内容を公開するかどうかの設定です。［有効］に設定しておくと、非公開にできます（トップレベルドメインによっては、対応していないこともあります）。
- すべての項目の入力が終わったら、一番下の［続行］をクリックして、次の画面に進んでください。

図7-9　連絡先情報の入力

【5】同意して注文する

- 入力した内容の確認画面が表示されます。内容に問題なければ、［AWSドメイン名の登録契約を読んで同意します］にチェックを付けて、［注文を完了］をクリックします（図7-10）。

図 7-10　同意して注文する

- すると、申請が完了します（図 7-11）。［保留中のリクエスト］をクリックすると、申請中であることがわかります（図 7-12）。
- しばらくすると確認メールが届き、（どのぐらいの時間が必要なのかは、トップレベルドメインの種類によって異なりますが、数分ではなく数時間の単位です）ドメインが利用できるようになります。利用できるようになったドメインは、［登録済みドメイン］に表示されます（図 7-13）。

図7-11　注文の完了

図7-12　保留中のリクエスト一覧

図7-13　［登録済みドメイン］に表示された段階で、使えるようになる

■ ドメインを管理するゾーン

　Route 53では（そして一般的なDNSサーバーでも）、「ゾーン（zone）」と呼ばれる単位で設定します。

　ゾーンとは、ドメインに対する設定範囲のことです。たとえば、「example.co.jp」というゾーンに対する設定は、このドメインの左に任意の名前を付けたもの——たとえば、「www.example.co.jp」「ftp.example.co.jp」「mail.example.co.jp」など——が設定範囲です。複数個のピリオドで区

切ってつなげた「aaa.bbb.ccc.example.co.jp」なども「example.co.jp ゾーン」が担当する範囲です。

　ドメイン名を設定するには、まず、こうしたゾーンを作成します。ただし、Route 53 の場合は、注文したドメインに対応するゾーンが自動的に作られるため、明示的に作成する必要はありません（作られるのは注文したタイミングなので、注文が完了しておらず、まだ利用できない段階でもゾーンが存在します）。

　Route 53 の設定画面では、［ホストゾーン］メニューから、管理するゾーンの一覧を参照できます。実際に開くと、注文したドメイン名に対応するゾーンが、すでにあるはずです（図7-14）。

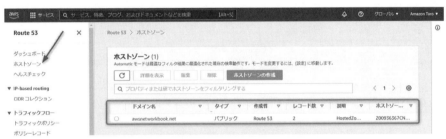

図 7-14　ゾーン一覧

　　Column　　既存のドメインを使いたいときは

　他のドメイン事業者（レジストラ）から取得したドメインを AWS で使うには、DNS サーバーをどのように構成するかによって、大きく 2 つの方法があります。

① ほかのドメイン事業者の DNS サーバーを使う

　1 つ目の選択肢は、他のドメイン事業者の DNS サーバーを使い続ける方法です。この場合、そのドメイン事業者の DNS サーバーに、Elastic IP アドレスに対応する A レコードを追加するだけで、作業が完了します。

② DNS サーバーを AWS に移転する

　もう 1 つは、DNS サーバーを AWS の Route 53 サービスに移転する方法です。この場合、ドメイン事業者に対して、Route 53 の DNS サーバー名を伝えて、ルート DNS から辿れるように設定してもらう必要があります。

　Route 53 でゾーンを新規に作成すると、そのゾーンに対して「NS レコード」が作られます。これが、そのゾーンを担当する DNS サーバー群です（図7-15）。これらの DNS サーバーの名前を、ドメイン事業者に申請して、DNS サーバーを Route 53 に移転する手続きをしてもらいます。

図 7-15　ゾーンに設定された NS レコードが、担当する DNS サーバー群となる

■ A レコードを追加する

　こうして取得したドメイン名の前に「www」を付けた名前の URL（http://www.ドメイン名/）で、CHAPTER 4 で作成した Web サーバーにアクセスできるようにするには、ゾーンに対して、「www →割り当てた Elastic IP アドレス」という A レコードを登録します。その操作手順は、次の通りです。

◎ 操作手順 ◎　　　　A レコードを登録する

【1】新しいレコードを作る

- 図 7-14 にて編集したいドメイン名（ゾーン）をクリックすると、図 7-16 に示す、ゾーン編集画面に遷移します。既定では、そのゾーンに対する「NS レコード」と「SOA レコード」があります。前者は DNS サーバー自身を指し示すレコード、後者は更新情報や連絡先、既定のキャッシュ時間（TTL）などを示すレコードです。

- 新しいレコードを追加するため、［レコードを作成］をクリックしてください。

図 7-16　ゾーン編集画面

【3】A レコードを追加する

● レコードの新規作成画面が表示されます。次の順で設定し、最後に［レコードを作成］ボタンをクリックします（図 7-17）。

図 7-17　A レコードを追加する

① レコード名

　ホスト名を入力します。「www」と入力すれば、「www．ドメイン名」を設定したことになります。

② レコードタイプ（Type）

　A レコードを追加したいので、［A‒IPv4 アドレスと一部の AWS リソースにトラフィックをルーティングします。］を選択してください。

③ 値／エイリアス

　このレコードに対する値を設定します。直接設定するか、もしくは、AWS サービスのリソースを選択できます。ここでは Elastic IP アドレスを直接、割り当てることにします。その場合は、［エイリアス］の設定をオフにして、値として、その Elastic IP アドレスを、直接入力します。

> 　［エイリアス］を有効にすると、AWS リソースの一覧から選べます。その方法については、「7-2-3　ALB の挙動の確認と独自ドメインでのアクセス」で説明します。

④ TTL

　TTL（Time To Live）とは、生存時間、言い換えるとキャッシュされる持続時間のことです。秒単位で設定します。

　A レコードに限らず、DNS サーバーからの返答は、すべてキャッシュされます。そしてここで指定した TTL 時間以内に同じ問い合わせが発生したときは、改めて DNS サーバーに問い合わせず、キャッシュされたデータを使うことで、ネットワーク負荷を抑えています。

　既定は 300（5 分）に設定されています。ここでは、既定のままとしますが、この値はカスタマイズの余地があります。より大きな値に設定すれば、Route 53 への問い合わせが減るので、ユーザーのレンポンスが良くなります。また、Route 53 は問い合わせのたびに課金される料金体系なので、コストの削減にもつながります。反面、設定を変更しても、その変更が TTL 時間を経過するまで反映されなくなってしまいます。実運用では、設定変更を、どれだけ迅速に反映させたいかも検討した上で、適切な値を設定してください。

⑤ ルーティングポリシー

　③で複数の値を設定した場合、どのような順序で返すかを規定します。この例では、単一の IP アドレスしか指定していないので、どれを選んでも同じです。ここでは既定の［シンプルルーティング］にしておきます。

> 　ルーティングポリシーが返す順序は、負荷分散と関係があります。クライアントは戻された IP アドレスを先頭から順に接続を試みます。［シンプルルーティング］は問い合わせの順序により、順繰りに返します。そ

のためクライアントは、複数のサーバーのそれぞれに平均的に接続します。対して［加重］を設定すると、比率を設定して、能力の高いサーバーの IP アドレスを優先的に返すようにできます。また［位置情報］を選択すると、ユーザーから近いサーバーが優先的に先頭にくるようになります。

■ WordPress 側の設定変更

Route 53 の設定自体は、これで完了なのですが、WordPress の設定でドメイン名を使うように構成していないので、このままだと、リダイレクトが発生して参照できません。

そこで WordPress の設定を変更して、ドメイン名を書き換えます。いくつかの方法がありますが、ここでは、MariaDB のデータベースを直接変更する方法で変更します。

◎ 操作手順 ◎　　　WordPress の運用ドメイン名を変更する

【1】　MariaDB のサーバーにアクセスする

Web サーバーを踏み台にするなどして、MariaDB のサーバーにアクセスします。

【2】　mysql コマンドを実行する

mysql コマンドを実行します。パスワードが聞かれたら、パスワードを入力してください。

```
$ mysql -u root wordpressdb
```

CHAPTER 6 の手順では、root ユーザーにパスワードを付けていないので、そのまま Enter キーを押してください。パスワードを付けたときは、「mysql -u root -p wordpressdb」と入力し、パスワードが尋ねられたら、設定したパスワードを入力してください。

【3】　WordPress のドメイン名を更新する

次のように、WordPress のドメイン名を変更する SQL を入力して実行します。「http://www.awsnetworkbook.net/」は、皆さんが取得したドメイン名（URL）に合わせてください。

```
MariaDB [wordpressdb]> UPDATE wp_options SET option_value='http://www.awsnetworkbook.net/' WHERE option_name IN ('siteurl', 'home');
```

【4】　終了する

　以上で更新完了です。「exit」と入力して終了します。Tera Term などのターミナルも終了して
かまいません。

　以上で設定は完了です。以下の形式の URL でアクセスできるようになったはずです（図 7-18）
（アクセスできない場合は、まだドメイン名の注文が完了していない可能性があります。しばらく
待って ［登録済みドメイン］ に登録されたことを確認してください）。

```
http://www.ドメイン名/
```

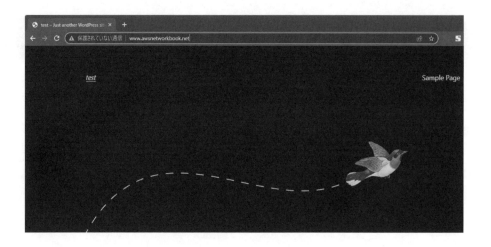

図 7-18　ドメイン名でアクセスできるようになった

7-2   ELB を用いた負荷分散

近年では、障害対策や負荷対策のため、複数台のサーバーで構成して処理を振り分ける構成が多くなりました。AWS では、ELB（Elastic Load Balancing）という負荷分散サービスを使って、処理を振り分けます。

7-2-1   ELB を使った負荷分散の構成

ELB は、VPC 上に配置するサービスです。複数のサブネットにまたいで配置します。その配下に EC2 インスタンスを配置します。配置する EC2 インスタンスは、「ターゲットグループ」としてグループ化します（図 7-19）。

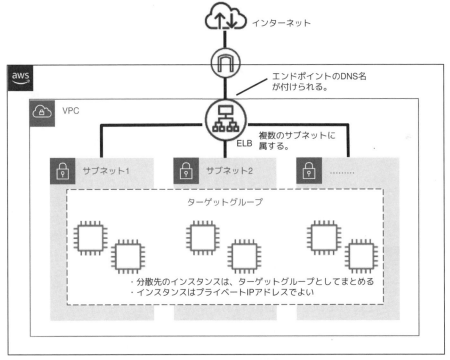

図 7-19　ELB の構成

ELB を構築すると、その ELB にアクセスするためのアドレスが決まります。これを「エンドポイント」と言います。これには、「リソース名-アカウント ID. リージョン名.elb.amazonaws.com」といった、AWS の DNS 名が付けられます。「http://www.example.co.jp/」のような独自ドメインでアクセスしたいときは、Route 53 サービスで、このドメイン名に対するエイリアス（別名）を設定します。

ELB 配下におく EC2 インスタンスには、パブリック IP は必要ありません。ELB はプライベート IP で EC2 インスタンスと通信するからです。

むしろ必要なければ、パブリック IP を取り除いたほうが安全です。パブリック IP が設定されていると、ELB を経由せずに直接アクセスされる恐れがあるからです（ただしその場合、EC2 インスタンスは、なんらかの踏み台や SSH ポートフォワード、VPN などで接続して管理することになります）。

ELB の配下には、EC2 インスタンスのほか、AWS Fargate などのコンテナサービス、AWS リソース以外のサーバーも配置できます。何を配置できるのかは、ELB の種類によります。たとえば、レイヤー 7 で動作する ALB（後述）という種類の ELB は、AWS Lambda で構築したサーバーレスアプリケーションも配下に置けます。本書では、EC2 インスタンスに限って説明します。

　Column　Auto Scaling

ELB では、ターゲットグループとして、既存の EC2 インスタンスの集合の代わりに、Auto Scaling グループを指定することもできます。Auto Scaling グループとは、EC2 インスタンスを作成するテンプレートと、それを制御する設定群のことです。負荷などに応じて自動で、もしくは、手動で、EC2 インスタンスの台数を増減できる仕組みです。Auto Scaling グループには、あらかじめ、AMI や EC2 インスタンスのスペック、ストレージの容量などを定めておきます（図 7-20）。

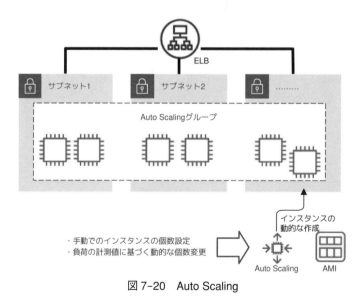

図 7-20　Auto Scaling

■ ELB の種類

これまで説明してきた ELB は、負荷分散サービスの総称です。具体的なサービスとしては、以下の 4 種類があります（**表 7-1**）。

- ALB（Application Load Balancer）
- NLB（Network Load Balancer）
- GWLB（Gateway Load Balancer）
- CLB（Classic Load Balancer）

表 7-1　ELB の種類

サービス	ALB	NLB	GWLB	CLB
動作レイヤー	レイヤー 7	レイヤー 4	レイヤー 3 および レイヤー 4	レイヤー 7 もしく はレイヤー 4
対応プロトコル	HTTP、HTTPS、 gRPC	TCP、UDP、TLS	IP	TCP、SSL/TLS、 HTTP、HTTPS
配下におけるもの	IP、インスタンス、 Lambda	IP、インスタンス、 ALB	IP、インスタンス	―
概要	Web で使う負荷分 散	TCP・UDP で使う 負荷分散	セキュリティアプ ライアンスなどで 使う負荷分散	古い VPC 構成の ためのもの。いま では使わない
セキュリティグループ の設定	可	不可	不可	可
エンドポイントの静的 IP	不可	可	不可	不可
SSL（TLS）対応	可	可	不可	可
ユーザー認証	可	不可	不可	不可

ほとんどの場合、「ALB」か「NLB」のいずれかを使います。HTTP や HTTPS の通信であれば「ALB」、そうでなければ「NLB」を使えばよいのですが、組み合わせて運用することもあります。

たとえば、前段に NLB、その配下に ALB を構成するのは、典型的な組み合わせ方です。表 7-1 に示したように、ALB には静的 IP を付けることができませんが、前段に NLB を構成することで、ALB を静的 IP で運用できるようになります。

① ALB（Application Load Balancer）

HTTP や HTTPS の通信を負荷分散するサービスです。URL のパスに対して別の分散先（ターゲット）を決めたり、ユーザー認証したりすることもできます。

② **NLB（Network Load Balancer）**

TCP・UDP の通信を負荷分散するサービスです。HTTP や HTTPS 以外のプロトコルを負荷分散したいときは、これを使います。静的 IP で使える唯一の負荷分散サービスでもあります。

■ SSL による暗号化対応

ELB（GWLB 以外。以下同じ）には、SSL（TLS）による通信の暗号化ができます。これは、ELB に証明書をインストールして、クライアントとの通信を暗号化する仕組みです。AWS Certificate Manager を使うと、必要な証明書を無償で作れます（図 7-21）。

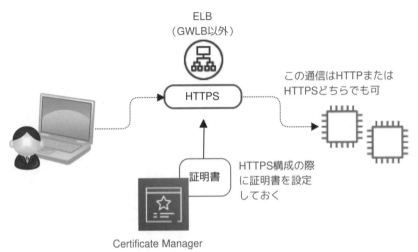

図 7-21　ELB で通信を暗号化する

7-2-2　ALB を使った負荷分散構成を作る

実例として、これまで作ってきた WordPress のシステムを、負荷分散の構成にする方法を説明します。Web の通信なので、ここでは ALB を使います。

以下の構成では、もうひとつ別のアベイラビリティゾーンに新しく mysubnet02 というサブネットを作り、いまの mywebserver と同じ構成の EC2 インスタンスを作ります。その上に ALB を配置して、それぞれの EC2 インスタンスに負荷を分散します（図 7-22）。

> 図 7-22 の構成では、EC2 インスタンスを異なるアベイラビリティゾーンで運用しているため、本来なら、片方のアベイラビリティゾーンが障害で停止しても、サービスし続けられるようになるのが理想です。しかし本書では、データベースサーバーを 1 台の EC2 インスタンスで構成しているため、データベースサーバーが稼働しているアベイラビリティゾーンが障害を受けるとサービスを継続できません。冗長構成にするなら、

異なるアベイラビリティゾーンに、それぞれ EC2 インスタンスを起動して HA クラスタリング構成で運用する、もしくは、EC2 インスタンスではなく、AWS の RDS サービス（Amazon Relational Database Service）を使って、マルチ AZ（複数のアベイラビリティゾーンで動作する構成）という構成で運用します。

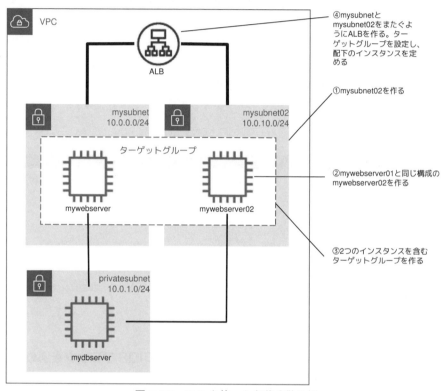

図 7-22　ELB を使った負荷分散の例

 Column　ALB の費用

　ALB は、時間当たり、「LCU（ロードバランサーキャパシティユニット）」と呼ばれる単位で課金されます。LCU は、「1 秒当たりの新しく確立された接続数」「1 分当たりのアクティブな接続数」「処理数と応答バイト数」「転送ルールの処理数」によって、総合的に算出します。
　AWS の 1 年間無料利用枠では、750 時間/月、15LCU まで、無料で使えます。

◎ ALB の費用

https://aws.amazon.com/jp/elasticloadbalancing/pricing/

■ サブネットを作る

まずは、別のアベイラビリティゾーンに、もう1つのサブネット mysubnet02 を作成します。

◎ 操作手順 ◎　　　　サブネットを作る

【1】サブネットを作成する

- VPC の画面から、［仮想プライベートクラウド］―［サブネット］を開きます。
- 新たにサブネットを作成するため、［サブネットの作成］をクリックします（図7-23）。

図7-23　サブネットを作成する

【2】VPC、サブネット名、アベイラビリティゾーン、CIDR ブロックを決める

- まずは［VPC ID］の部分で、対象の VPC を選択します。すでに作成している「myvpc01」を選択します（図7-24）。
- ［サブネット名］を入力します。ここでは「mysubnet02」とします。
- ［アベイラビリティゾーン］を設定します。これまでの手順では、すでに作成済みのサブネット「mysubnet01」は、「ap-northeast-1a」だったので、これとは別の「ap-notrheast-1c」を選びます（もしくは「ap-northeast-1d」でもかまいません）。
- ［IPv4 CIDR ブロック］に、割り当てるネットワークアドレスを指定します。ここでは「10.0.10.0/24」とします。
- ［サブネットを作成］をクリックして、サブネットを作成します。

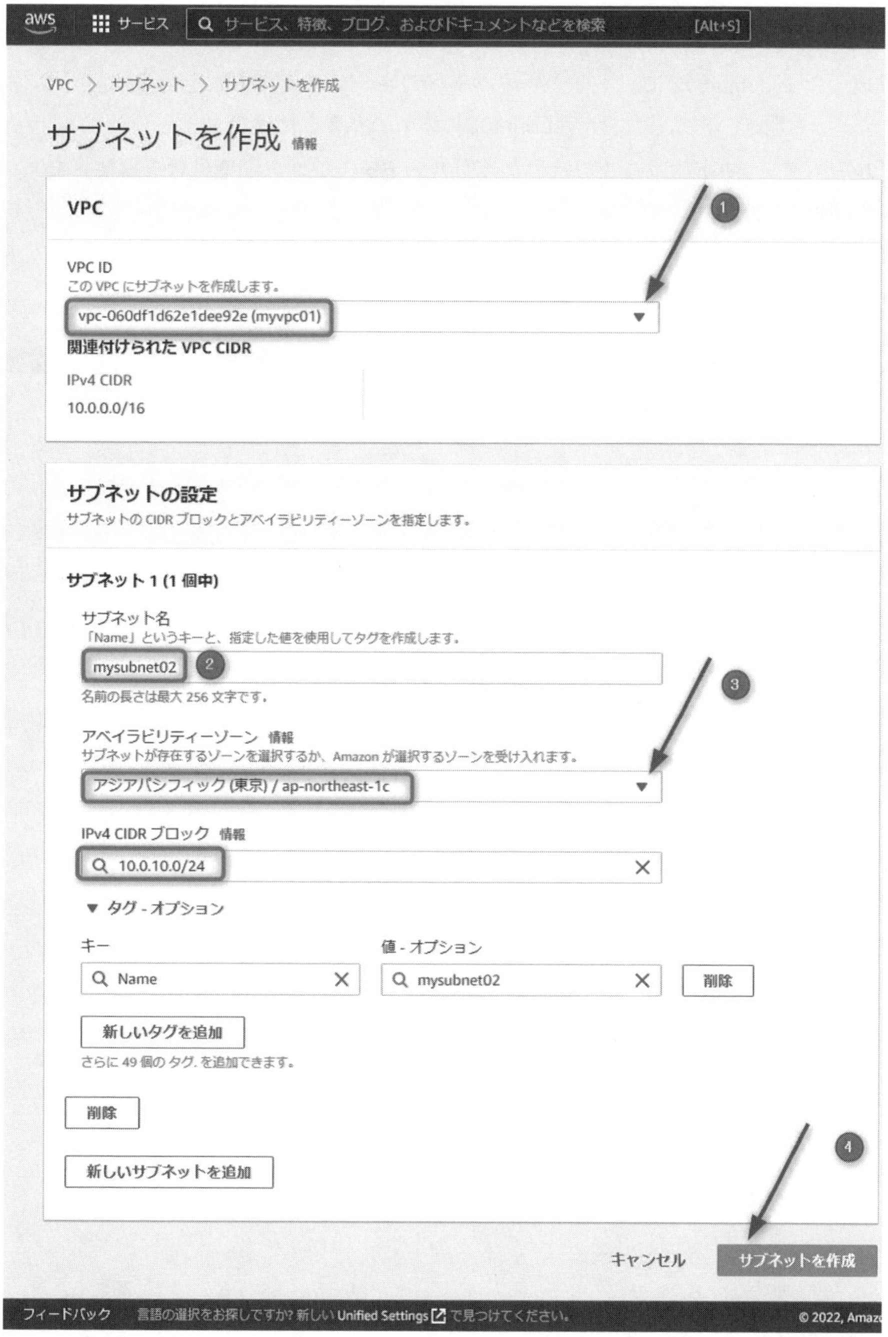

図 7-24　VPC、サブネット名、アベイラビリティゾーン、CIDR ブロックを設定する

【3】 サブネットのルートテーブルを設定する

- 作成した mysubnet02 に、インターネットへのルーティングを設定します。［サブネット］メニューを開き、作成した［mysubnet02］にチェックを付けます。
- ［ルートテーブル］タブをクリックして［ルートテーブルの関連付けを編集］をクリックします（図 7-25）。
- ［ルートテーブル ID］の部分で、すでに CHAPTER 4 で作成済みの、インターネットへの経路を設定した［inettable］に変更し、［保存］をクリックします（図 7-26）。

図 7-25　ルートテーブルを編集する

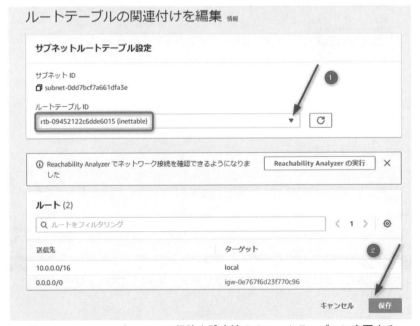

図 7-26　インターネットへの経路を設定済みのルートテーブルに変更する

■ EC2 インスタンスを複製する

次に、WordPress をインストールしてある `mywebserver` の複製を作成します。複製を作るには、一度、AMI を作成して、その AMI から起動します（図 7-27）。

　同じ構成の EC2 インスタンスを作るには、「4-2-2　同じ構成でパブリック IP を有効にした EC2 インスタンスを作り直す」で説明したように、[同様のものを起動] でも起動できます。しかしこの場合は、EC2 インスタンスのディスクが複製されません。EC2 インスタンスのディスクを複製するには、一度、AMI を作成し、その AMI から起動する必要があります。

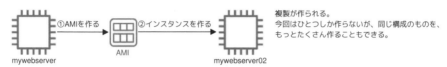

図 7-27　一度 AMI を作成して、その AMI から EC2 インスタンスを起動する

◎ 操作手順 ◎　　　　　　AMI を作る

【1】AMI を作り始める

- EC2 の画面の [インスタンス] メニューをクリックしてインスタンス一覧を表示します。
- AMI を作りたいインスタンス（ここでは WordPress をインストール済みの `mywebserver`）を右クリックして、[イメージとテンプレート]―[イメージを作成]を選択します（図 7-28）。

図 7-28　AMI を作り始める

【2】名前を付けて AMI を作る

- イメージの作成画面が表示されます。「イメージ名」に任意のイメージ名を入力します。ここでは「my-wordpress-template」とします（図 7-29）。
- その他の部分はオプションです。既定のまま［イメージを作成］ボタンをクリックします。

　イメージ作成の際は、インスタンスが再起動します。［再起動しない］の［有効化］にチェックを付けると再起動せずに作成できますが、起動したままイメージ化するため、すべて正しくイメージ化できない可能性があります。

　ここでは手順を示しませんが、作成した AMI は、［イメージ］メニューの［AMI］で確認できます。

図 7-29　名前を付けて AMI を作る

◎ 操作手順 ◎　　　AMI から EC2 インスタンスを作る

【1】EC2 インスタンスを作り始める

● EC2 の画面を開き、［インスタンス］メニューを選択します。［インスタンスを起動］をクリックして、インスタンスを作り始めます（図7-30）。

図7-30　インスタンスを作り始める

【2】名前を付ける

● ［名前］に、インスタンス名を入力します。ここでは「mywebserver02」とします（図7-31）。

図7-31　名前を設定する

【3】AMI を選択する

● ［自分の AMI］タブをクリックすると、先ほど作成した「my-wordpress-template」という AMI があるはずです。これを選択します。すると、先ほどの mywebserver01 と同じものを作れます（図7-32）。

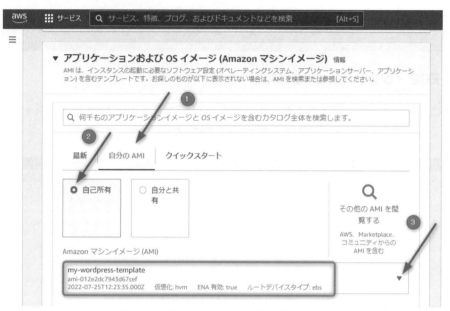

図 7-32　自分で作成した AMI を選択する

【4】インスタンスタイプやキーペアを設定する

- インスタンスタイプやキーペアを設定します。`mywebserver01` と同じものを選択します（図 7-33）。

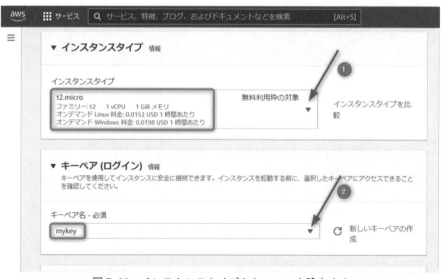

図 7-33　インスタンスタイプやキーペアを設定する

基本的な EC2 インスタンスの作り方は省略します。「3-2　EC2 インスタンスの設置」も併せて参照してください。

【5】　ネットワークを設定する

- 配置するネットワークを設定します。［編集］ボタンをクリックして、編集できるようにします（図 7-34）。
- ［VPC］には、「myvpc01」を選択します。すると［サブネット］に、先ほど作成した「mysubnet02」を選べるので、それを選びます。ALB の配下に配置する場合は、パブリック IP アドレスがなくても、ALB を経由してインターネットからアクセスできるので、［パブリック IP の自動割り当て］は［無効化］でかまいません。

図 7-34　編集できるようにする

- セキュリティグループは、［既存のセキュリティグループを選択する］を選び、すでに作成済みの［webserverSG］と［default］の 2 つを選択します（図 7-35）。

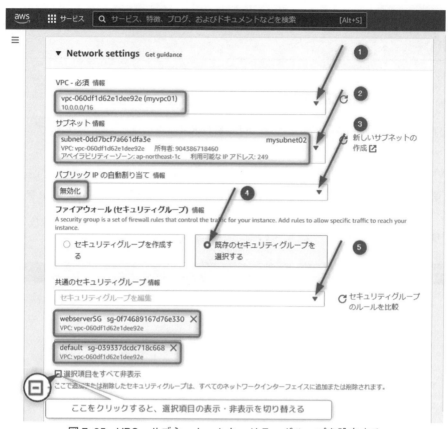

図 7-35　VPC、サブネット、セキュリティグループを設定する

---

　default を追加で設定するのは、CHAPTER 6 において、データベースサーバーと Web サーバーの両方に default セキュリティグループを設定することで、互いに通信できるようにしているためです。本書の構成では（本書の構成のみに限った理由ですが）、default セキュリティグループの設定をし忘れると、データベースサーバーと通信できません。

　ALB は HTTP もしくは HTTPS を負荷分散するものです。SSH の通信は転送しませんから、EC2 インスタンスにプライベート IP アドレスしか割り当てない場合は、踏み台などの方法で SSH 接続する必要があります。

【6】　インスタンスを起動する

● 残る［ストレージを設定］や［高度な詳細］は、既定のままとします。［インスタンスを起動］をクリックして、インスタンスを起動します（図 7-36）。

図 7-36　インスタンスを起動する

■ ターゲットグループを作る

これで 2 つの EC2 インスタンスができました。これらをターゲットグループとしてまとめます。

◎ 操作手順 ◎	ターゲットグループを作る

【1】ターゲットグループを作り始める

- [ロードバランシング] の下の [ターゲットグループ] メニューをクリックして開きます。
- ターゲットグループ一覧が表示されるので（最初は何もありません）、[Create target group] をクリックしてターゲットグループを作り始めます（図 7-37）。

図 7-37　ターゲットグループを作り始める

【2】基本的な構成

- ［Basic configuration］の部分で、基本的な構成を決めます（図7-38）。

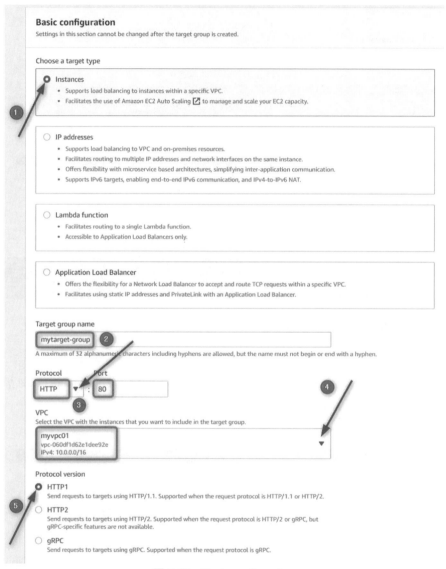

図7-38　Basic configuration

- まずはターゲット（配下に配置するモノの種類）を選択します。ここではEC2インスタンスを配置したいので、［Instances］を選択します。

- ［Target group name］にターゲットグループ名を入力します。ここでは「mytarget-group」

としておきます。

- ［Protocol］には、（ALB 自身ではなく）配下の EC2 インスタンスなどが受け取るプロトコルを選択します。これから設定する EC2 インスタンスには、WordPress がポート 80 番で動いているので、「HTTP」とし、ポートは 80 番とします。

- ［VPC］では、このターゲットグループが所属する VPC を選択します。［myvpc01］を選択します。

- ［Protocol version］には、プロトコルのバージョンを指定します。ここでは［HTTP1］を選択します。

【3】ヘルスチェックなど

- ［Health checks］は、配下の EC2 インスタンスなどの正常性を確認する方法の設定です。正常性が確認されない EC2 インスタンスなどは、切り離してそこに通信を振り分けないようにする判断材料として使われます。既定では、「HTTP プロトコルで "/" に通信できるかどうか」を基準に正常性を確認する構成になっているので、そのままにしておきます。

- ［Tags］は任意のタグです。ここでは何も指定しません。

- ［Next］ボタンをクリックして、次のページに進みます（図 7-39）。

図 7-39　ヘルスチェックなど

【4】配下のインスタンスの選択

- ［Available instances］の部分に、前ページで選択した VPC 上で稼働している EC2 インスタンスの一覧が表示されます。ここでは、ターゲットグループに含めたい EC2 インスタンスを選択します。

- 具体的には、「mywebserver」と「mywebserver02」にチェックを付け、［Include as pending below］をクリックします（図7-40）。

- すると下の［Review targets］に移動するので、［Create target group］をクリックします（図7-41）。するとターゲットグループが作成されます。

> ［Health status］は、現在のヘルスチェックの状況を示します。登録直後は［Pending］で、未確認の状態です。このターゲットグループを ALB の配下に配置すると、そこでヘルスチェックが始まるので、このままの状態でかまいません。

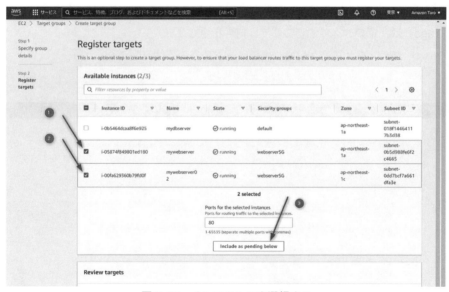

図 7-40　インスタンスを選択する

図7-41　ターゲットグループを作成する

■ ALB を配置する

ターゲットグループができたら、次に、ALB を配置します。

◎ 操作手順 ◎　　　　ALB を配置する

【1】ロードバランサーを作り始める

- ［ロードバランシング］の下の［ロードバランサー］メニューをクリックします。
- ロードバランサーを作成するため、［ロードバランサーの作成］をクリックします（図7-42）。

図7-42　ロードバランサーを作り始める

【2】 ロードバランサーの種類を選ぶ

- ALB を作りたいので、一番左の［Application Load Balancer］の［Create］をクリックします（図 7-43）。

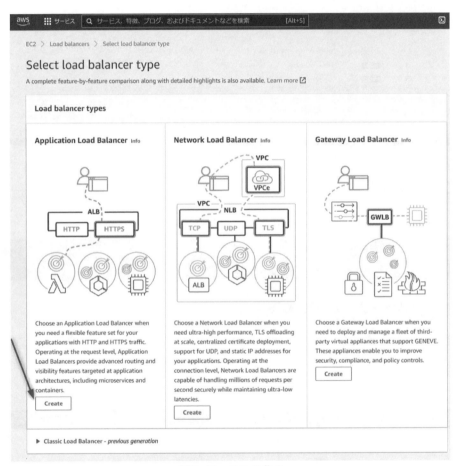

図 7-43　ALB を作る

【3】 名前と種類を決める

- ［Basic configuration］の項目では、基本的な項目を設定します（図 7-44）。
- ［Load balancer name］には、ロードバランサー名を入力します。ここでは「my-alb」とします。
- ［Scheme］では、インターネットでの利用（［Internet-facing］）かプライベート IP での

利用（［Internal］）かを選択します。ここでは前者を選びます。

- ［IP address type］では、［IPv4］もしくは IPv6 にも対応する［Dualstack］かを選びます。ここでは前者を選びます。

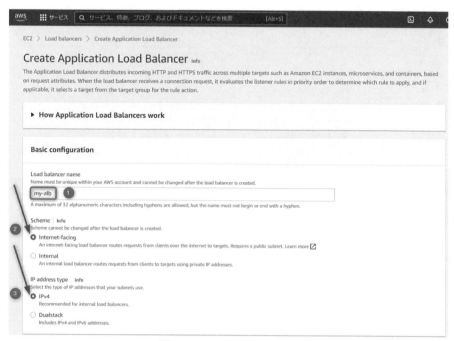

図 7-44　Basic configuration

【4】ネットワーク構成を決める

- ［Network mapping］の項目で、ネットワークの構成を決めます。まずは、［VPC］の部分で対象の VPC、ここでは［myvpc01］を選択します。
- ［Mappings］の部分に、その VPC を利用しているアベイラビリティゾーンの一覧が表示されたら、この ALB を配置したいアベイラビリティゾーンにチェックを付けます。ここでは［ap-northeast-1a］と［ap-northeast-1c］にチェックを付けます（図 7-45）。
- するとそれぞれのアベイラビリティゾーンに存在するサブネットが表示されるので、選びます。ここでは［mysubnet01］と［mysubnet02］をそれぞれ選びます（図 7-46）。

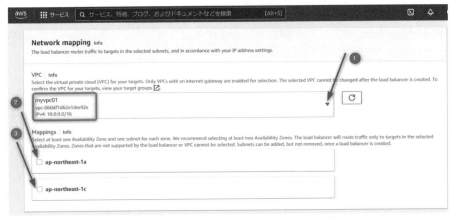

図 7-45　VPC とアベイラビリティゾーンを選ぶ

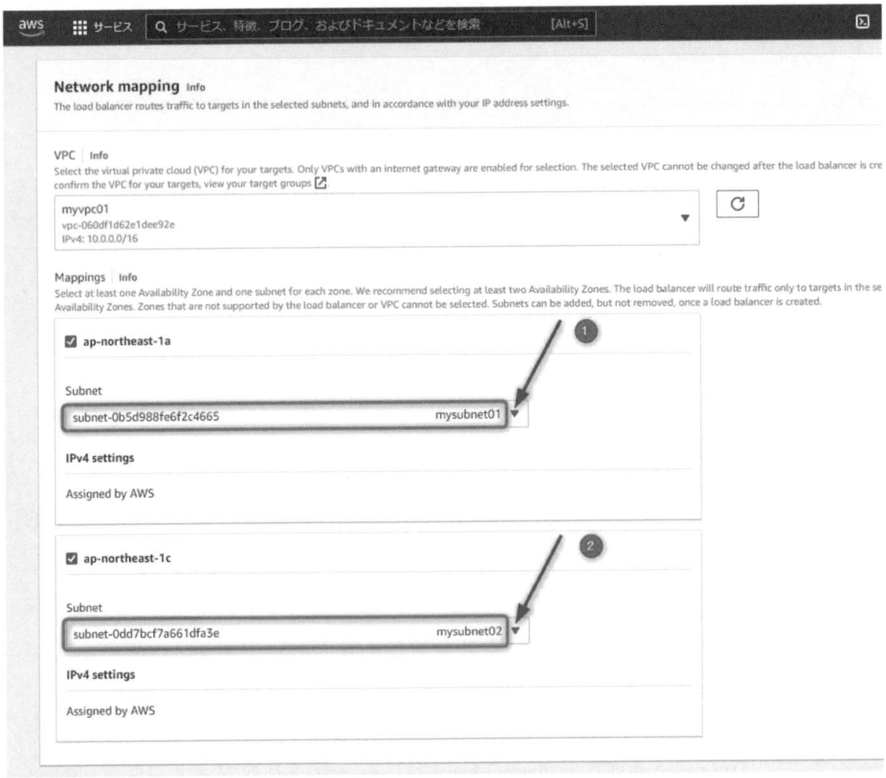

図 7-46　サブネットを選ぶ

【5】 セキュリティグループを選択する

- 作成するALBに適用するセキュリティグループを選択します。ここではすでに作成済みの［webserverSG］を選択します（図7-47）。

図7-47 セキュリティグループを選択する

【6】 ターゲットグループを選択する

- どのような通信があったときに、どこに振り分けるのかを設定します。［Default action］のところで、あらかじめ作成しておいたターゲットグループである［mytarget-group］を選択します（図7-48）。これで、通信は、mytarget-groupで設定したターゲットグループの、いずれかのEC2インスタンスに振り分けられるようになります。

図7-48 ターゲットグループを選択する

【7】作成する

● その他、［Add-on services］や［Tags］の部分がありますが、ここでは設定を省略します。
末端の［Create load balancer］をクリックして、ALB の作成を完了します（図7-49）。

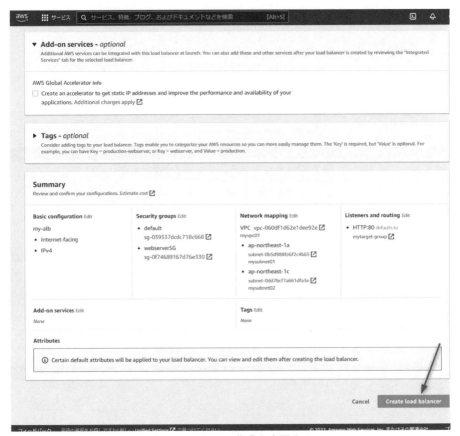

図7-49　ALB の作成を完了する

7-2-3　ALB の挙動の確認と独自ドメインでのアクセス

これで ALB が作られました。ALB 経由でアクセスできるかを確認し、さらに、独自ドメイン
名でアクセスするための設定もしていきます。

■ ALB の挙動を確認する

作成した ALB は、［ロードバランサー］メニューに、一覧として表示されます。作成した ALB をクリックすると、詳細が、下画面に表示されます。下画面には「DNS 名」という項目があり、これが ALB のエンドポイントです（図 7-50）。

ブラウザから、このエンドポイントにアクセスすると、ALB を経由して、その配下の EC2 インスタンスにつながります（図 7-51）。ALB は負荷分散なので、接続したときは、どちらかの EC2 インスタンスに、処理が振り分けられるというわけです。

図 7-50　エンドポイントの確認

図 7-51　ブラウザで接続したところ

■ 独自ドメイン名でアクセスできるようにする

エンドポイントを経由して ALB に接続できることが確認できたら、次に、http://www.example.co.jp/のようなドメイン名でアクセスできるように、Route 53 の設定を変更します。

ALB は、DNS 名は決まっていますが、IP アドレスは固定ではありません。そこで Route 53 では、IP アドレスの値を設定するのではなく、ALB のインスタンスのエイリアスとして設定します。

> ◎ 操作手順 ◎　　　　独自ドメイン名で ALB にアクセスできるようにする

【1】ゾーンの編集画面を開く

- Route 53 の画面を開き、[ホストゾーン]メニューを選択します。編集したいドメイン名を
  クリックして、ゾーン編集画面を開きます（図 7-52）。

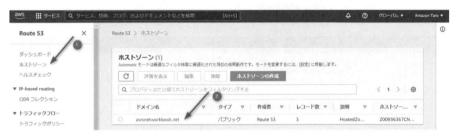

図 7-52　ドメイン

【2】レコードを編集する

- ここまでの操作では、「www. ドメイン名」に、Elastic IP アドレスを割り当てているはずです。
  この項目にチェックを付け、[レコードを編集]をクリックします（図 7-53）。

図 7-53　レコードを編集する

【3】 ALB に変更する

- 編集画面が表示されたら、［エイリアス］をクリックして有効にします（図 7-54（1））。
- するとエンドポイントを選べるようになるので、ALB のエンドポイントを選択し［保存］を
クリックします（図 7-54（2）、図 7-54（3））。

図 7-54（1） エイリアスを有効にする

図 7-54（2） エンドポイントの選択

図7-54（3）　エンドポイントの保存

　以上で設定完了です。独自ドメイン名で接続できるようになるはずです。ブラウザのアドレス欄に、設定したドメイン名を入力して接続確認してみてください。

Column　Elastic IP の解放

　これまで mywebserver には、Elastic IP アドレスを割り当てていましたが、ELB の配下に配置したので、もう、Elastic IP アドレスは必要ありません。解放するには、次のようにします。

◎ 操作手順 ◎　　　Elastic IP アドレスの解放

【1】関連付けの解除

● ［ネットワーク＆セキュリティ］メニュー配下の ［Elastic IP］メニューを開き、mywebserver に割り当てている Elastic IP アドレスにチェックを付けます。［アクション］メニューから ［Elastic IP アドレスの関連付けの解除］を選択します（図7-55）。確認メッセージが表示されたら ［関連付け解除］をクリックします（図7-56）。

図7-55　関連付けを解除する

図 7-56　関連付け解除の確認

【2】解放する

● 同様の手順で、［アクション］メニューから［Elastic IP アドレスの解放］を選択します（図 7-57）。確認メッセージが表示されたら［解放］ボタンをクリックします（図 7-58）。

図 7-57　Elastic IP アドレスの解放

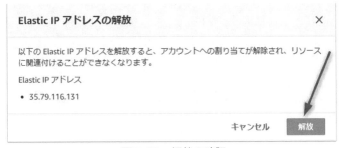

図 7-58　解放の確認

7-2-4 SSL（TLS）による暗号化

ALB では、SSL（TLS。以下同じ）を有効にすることもできます。SSL を有効化するには、証明書が必要です。証明書は、Certificate Manager を使って作成します。

■ Certificate Manager で証明書を作る

まずは、Certificate Manager を使って、証明書を作ります。

◎ 操作手順 ◎　　　　Certificate Manager で証明書を作る

【1】 Certificate Manager を開く

- AWS マネジメントコンソールから、［Certificate Manager］を開きます（図 7-59）。

> 証明書は、ALB と同じリージョンで作成しなければなりません。

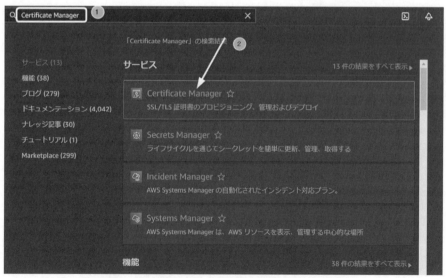

図 7-59　Certificate Manager を開く

【2】証明書をリクエストする

- ［証明書をリクエスト］をクリックします（図 7-60）。

図 7-60　証明書をリクエストする

【3】パブリック証明書をリクエストする

- ［パブリック証明書をリクエスト］を選択し、［次へ］をクリックします（図 7-61）。

図 7-61　パブリック証明書をリクエストする

【4】完全修飾ドメイン名と検証方法を選択する

- ［完全修飾ドメイン名］に、証明書を発行する完全なドメイン名（「`www.example.co.jp`」のような実際にユーザーがアクセスするドメイン名。Route 53 サービスにおいて、前掲の図 7-53、図 7-54 で ALB に割り当てたもの）を入力します（図 7-62）。
- ［検証方法を選択］は、証明書を発行する際、ドメインの正規の所有者かどうかを、どのよ

うに確認するのかを示します。DNS サーバーとして Route 53 を使っている場合は、［DNS 検証］が簡単なので、こちらを選びます。

- ［リクエスト］をクリックして、証明書をリクエストします。

　DNS 検証とは、証明書を作成する側（ここでは Certificate Manager) が提示した値を申請者の DNS サーバーに設定し、その値が設定されたことを確認してもらうという手順を踏むことで、「本当に、そのドメインの所有者であるかどうか（言い換えると、DNS サーバーへの設定権限を持っているかどうか）」を確認する方法です。

図 7-62　完全修飾ドメイン名の入力とリクエスト

【5】検証用の DNS レコードを作成する

- リクエストを完了するには、DNS 検証が必要です。図 7-63 のように表示されるので、［証明書を表示］をクリックします。

図 7-63　証明書を表示する

- 証明書の詳細が表示されたら、[Route 53 でレコードを作成]をクリックします（図7-64）。
- 確認画面が表示されたら、[レコードを作成]をクリックします（図7-65）。

図 7-64　Route 53 でレコードを作成する

図 7-65　レコードを作成する

- Certificate Manager は定期的に DNS サーバーが書き換えられたかを確認しており、確認が完了すると、証明書が発行されます。ステータスの状況は、［証明書を一覧］メニューで確認できます。何度か［リロード］ボタンをクリックして確認し（図7-66（1））、［ステータス］が［保留中の検証］から［発行済み］に変わるまで待ってください（図7-66（2））。

図7-66（1）　証明書の発行が完了するまで待つ（1）

図7-66（2）　証明書の発行が完了するまで待つ（2）

■ ALB の SSL 通信を有効にする

次に、いま作成した証明書を ALB に組み込んで、SSL を有効にします。

◎ 操作手順 ◎　　　SSL を有効にする

【1】リスナーを追加する

ALB では、「リスナー」という単位で、通信を受信して振り分けています（リスナーとは、listener で、聞き耳を立てているモノという意味です）。ここまでの手順では、HTTP 通信のポート80を受信するリスナーが作られています。HTTPS 通信もできるようにするため、新たにポート443を受信するリスナーを作ります。

- EC2 の画面で［ロードバランシング］の下の［ロードバランサー］メニューをクリックします。
- 設定したいロードバランサー（ここでは my-alb）をクリックして選択します。下に詳細が表示されたら［リスナー］タブをクリックし、［リスナーの追加］をクリックします（図 7-67）。

図 7-67　リスナーを追加する

【2】プロトコルとターゲットグループを選択する

- リスナーの追加画面が表示されます。［Protocol］で「HTTPS」を選択し、［Default actions］で［Forward］を選択します（図 7-68）。

図 7-68　HTTPS を選択して［Forward］を選択する

- すると ターゲットグループ（Target group）が聞かれるので、作成済みのターゲットグループ（`mytarget-group`）を選択します（図 7-69）。これで、ポート 443 で受信したとき、指定したターゲットグループに転送（Forward）する動作となります。

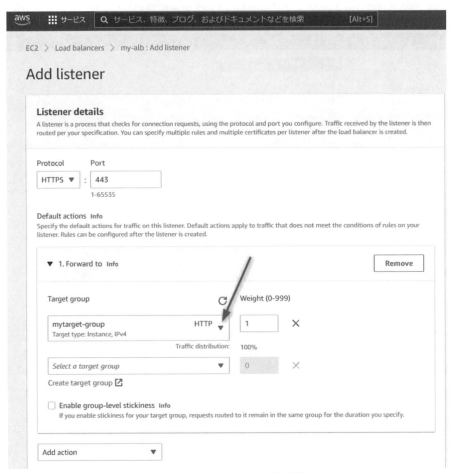

図 7-69　ターゲットグループを選択する

【3】SSL のセキュリティポリシーと証明書を選択する

- ［Security policy］では、SSL オプションを設定します。既定の［ELBSecurityPolicy-2016-08］のままとします。

- ［Default SSL/TLS certificate］で、証明書を選びます。［From ACM］を選択すると（ACM は Amazon Certificate Manager の略です）、発行済みの証明書一覧が表示されるので選択します。［Add］をクリックすると、HTTPS のリスナーが追加されます（図 7-70）。

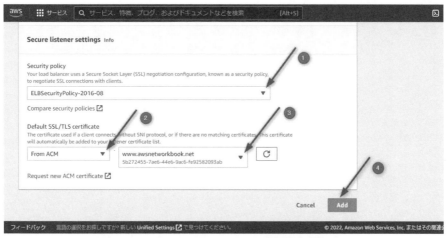

図 7-70　セキュリティグループと証明書を選択する

これで SSL が有効になりました。「https://」でアクセスできるようになったはずです。

7-3　まとめ

この CHAPTER では、ドメイン名を運用する Route 53 と、負荷分散する ELB（ALB）について説明しました。

① Route 53

- AWS における DNS サーバーが、Route 53 サービスです。Route 53 サービスでは、新規にドメインを申請したり、既存のドメインの DNS サーバーとして使ったりできます。

- IP アドレスとホスト名とを関連付けるには、ゾーンを作成して A レコードとして登録します。

- ELB（ALB）など、DNS 名が設定されているものへの別名を設定するには、エイリアスとして登録します。

② ELB

- ELB は負荷分散サービスの総称です。HTTP・HTTPS を負荷分散するのが「ALB」、TCP・UDP を負荷分散するのが「NLB」です。

- ALB は複数のサブネットにまたぐように配置します。配下の EC2 インスタンスは、ターゲットグループとして登録します。

- ALB では、クライアントとの通信を SSL（TLS）化できます。SSL（TLS）化するには、証明書の設定が必要です。Certificate Manager を使うと、その証明書を作れます。

CHAPTER 8

VPC と他のネットワーク
との接続

VPC はインターネット以外の、ほかのネットワークと接続することもできます。たとえば、別のデータセンターで運用しているオンプレミスのネットワークや他のクラウド、さらには、社内 LAN を直結することもできます。この CHAPTER では、こうした VPC と他のネットワークとを接続する、さまざまな方法について説明します。

8-1　非 VPC サービスとの接続

すでに「1-4-2　非 VPC サービスと VPC サービス」で説明したように、AWS で提供されるサービスには、非 VPC で提供されるものもあります。

非 VPC のサービスには、ストレージサービスの「Amazon S3（Amazon Simple Storage Service）」、キーバリューストアデータベースの「Amazon DynamoDB」をはじめ、ビッグデータや分析の「Amazon Redshift」、そして、IoT のサービスや機械学習のサービスなど、さまざまなものがあります。これらの非 VPC のサービスは、AWS のグローバルネットワークで運用されるものです。そのため、VPC から利用するときは、インターネットゲートウェイ（もしくは NAT ゲートウェイ。以下同じ）を経由して接続するのが基本です（図 8-1）。

しかしこの方法だと、インターネットゲートウェイなどがない、もしくは、あったとしてもパブリック IP を割り当てていない構成の場合、こうした非 VPC のサービスを利用できません。それでは不便なので、AWS は VPC に穴を空けて、非 VPC のサービスと接続する、いくつかの方法を提供しています。それが、この節の話題です。

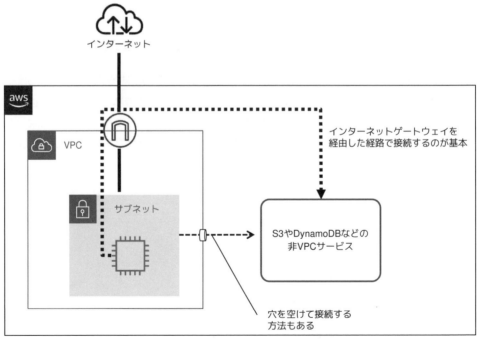

図 8-1　VPC から非 VPC サービスに接続する

8-1-1　VPC から S3 サービスに接続する

　まずは、図8-1のようにインターネットゲートウェイを経由して非VPCサービスに接続する通常のルートを実際に試し、その挙動から、VPCに穴を空けるときの原理を理解していきましょう。

　具体例がないと説明しにくいので、ここでは一例として、S3を取り上げます。S3はオブジェクトストレージサービスで、「バケット（Bucket）」と呼ばれる入れ物のなかに、データを溜め込めます（図8-2）。ファイルをアップロードしたりダウンロードしたりするには、AWSマネジメントコンソールや各種コマンドを使います。

　AWSでシステムを構築するときには、汎用的なストレージとして、とてもよく使われます。データ類の置き場所としてはもちろん、ログの保存先としても、よく使われます。

図 8-2　S3 サービス

■ AWS CLI を使って S3 サービスに接続する

　ここでは、いままで作成してきたパブリックネットワークの「mysubnet01」に存在する「mywebserver」というEC2インスタンスからS3バケットに接続して、ファイルのアップロードを試してみたいと思います（図8-3）。

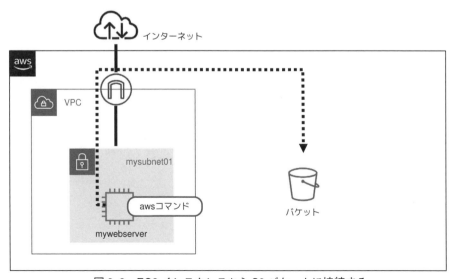

図 8-3　EC2 インスタンスから S3 バケットに接続する

EC2 インスタンスから S3 サービスを操作するには、「AWS CLI」を使います。これは「aws」という名前のコマンドです。Amazon Linux 2 には、既定でインストールされています。

S3 のバケットにアクセスするには、ユーザー認証が必要です。これまで本書では、ユーザーについて触れてきませんでしたが、AWS では S3 に限らず、すべての AWS リソースに対して「IAM（Identity and Access Management）」というアカウント情報を使って認証します。

EC2 インスタンスから S3 バケットにアクセス可能にするには、次のようにします（図 8-4）。

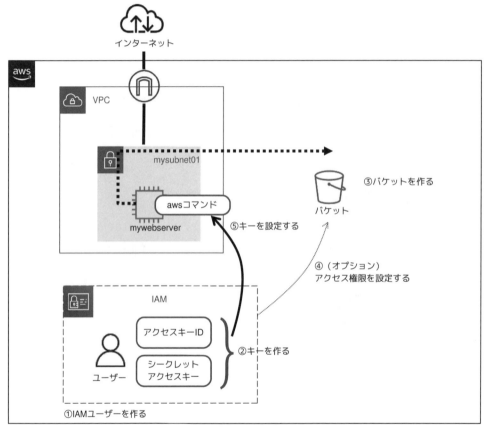

図 8-4　EC2 インスタンスから S3 バケットに接続する際の事前設定

① IAM ユーザーを作る

② IAM ユーザーのアクセスキー ID/シークレットアクセスキーを作る

③ S3 バケットを作る

④ ③の S3 バケットに対して、①の IAM ユーザーがアクセスできる権限を付与する（オプション）

Memo　IAM ユーザーの権限付与の省略

　上記④がオプションであるかどうかは、作成した IAM ユーザーの権限によります。IAM ユーザーが、そもそも S3 サービス全体へのアクセス権を持っている場合は④の設定は必要ありません。そうではなく、それぞれの S3 バケットに対して、どの IAM ユーザーはアクセスできて、どの IAM ユーザーはアクセスできないなど、個別の設定をしたいときは④の設定が必要です。本書では、話を簡単にするため、作成する IAM ユーザーに対して S3 の全権限を与えることにし、④の設定を省略します。

⑤ EC2 インスタンス上の aws コマンドの設定として、②の 2 つのキーを設定する

　すぐあとに説明しますが、上記の操作をすると、以下の書式のコマンドで、S3 バケット上のファイル操作（アップロードやダウンロード、コピーや移動、削除など）ができるようになります。

◎ aws コマンドの書式

```
aws s3 操作コマンド
```

Column　IAM ロールで権限を設定する

　本書では、IAM ユーザーを作って、そのアクセスキー ID とシークレットアクセスキーを aws コマンドの設定に加えることで認証します。当然、アクセスキー ID とシークレットアクセスキーが漏洩すれば、そのユーザーになりすますことができるので、この 2 つのキーは厳密に管理しなければなりません。

　この方法以外の認証方法として、IAM ロールを使うこともできます。IAM ロールとは、人間以外に設定する認証オブジェクトです。あらかじめ S3 バケットにアクセス可能な IAM ロールを作成しておき、EC2 インスタンスを作成する際に、その IAM ロールを設定すると、該当の EC2 インスタンスから AWS サービスにアクセスする際に、その IAM ロールが使われ、アクセスキー ID やシークレットアクセスキーを設定する必要はありません。

　EC2 インスタンスへの IAM ロールの割り当ては、EC2 インスタンスを右クリックして［セキュリティ］―［IAM ロールの変更］から設定できます（図 8-5）。

図 8-5　EC2 インスタンスに対して IAM ロールを設定する

■ IAM ユーザーを作る

では、操作を始めていきます。まずは、IAM ユーザーを作成します。

◎ 操作手順 ◎　　　　IAM ユーザーを作成する

【1】IAM のメニュー画面を開く

- AWS マネジメントコンソールのホーム画面から、IAM を開きます（図 8-6）。

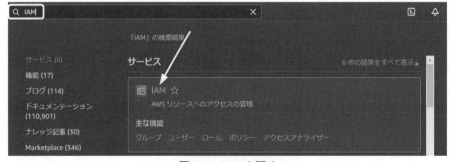

図 8-6　IAM を開く

【2】ユーザーを追加する

● ［ユーザー］メニューをクリックして開きます。ユーザー一覧画面が表示されたら（まだユーザーはひとりもいないはずです）、［ユーザーを追加］ボタンをクリックします（図8-7）。

図8-7　ユーザーを追加する

【3】ユーザー名とアクセスの種類を選択する

● ［ユーザー名］に、作成するユーザー名を入力します。たとえば「exampleuser」とします。

● ［AWS認証情報タイプ］には、そのユーザーが、どのような方法でアクセスができるのかを設定します。次の2種類があります（両方設定することも可能です）。

・［アクセスキー・プログラムによるアクセス］

　　AWS CLIなどのツールからアクセスできるようにします。アクセスキーIDとシークレットアクセスキーが発行されます。

・［パスワード・AWSマネジメントコンソールへのアクセス］

　　AWSマネジメントコンソール（ブラウザでのアクセス）ができるようにします。パスワードが発行されます。

　今回は、AWS CLIからアクセスできるユーザーを作りたいので［アクセスキー・プログラムによるアクセス］にチェックを付けます。［パスワード・AWSマネジメントコンソールへのアクセス］にはチェックを付けませんが、もし、AWSマネジメントコンソールにログインできるようにしたいならチェックを付けてもかまいません

● 上記の設定をしたら、［次のステップ：アクセス権限］をクリックします（図8-8）。

図 8-8　ユーザー名とアクセスの種類の設定

【4】S3 サービスへのアクセス権を設定する

- アクセス権を設定するページが表示されます。いくつかの設定方法がありますが、ここでは、[既存のポリシーを直接アタッチ]をクリックします（図 8-9）。

- 話を簡単にするため、S3 サービスへの全権限（フルアクセス権）を与えます。そのような目的のポリシーが、「AmazonS3FullAccess」です。[ポリシーのフィルタ]の部分に、そのポリシー名の一部、たとえば「S3」や「S3Full」などを入力すると絞り込まれるので、[Amazon S3FullAccess]にチェックを付け、[次のステップ：タグ]に進んでください（図 8-10）。

図 8-9　[既存のポリシーを直接アタッチ]を選択

図 8-10 ［AmazonS3FullAccess］を選択する

【5】タグの追加

- 所属やメールアドレスなど、任意のデータをタグとして設定できます。今回は必要ないため、何も入力せず、［次のステップ：確認］をクリックしてください（図 8-11）。

図 8-11 タグの追加

【6】確認して作成する

- 確認画面が表示されます。［ユーザーの作成］をクリックして、ユーザーを作成してください（図 8-12）。

図 8-12　ユーザーを作成する

【7】アクセスキー ID とシークレットアクセスキーを控える

- ユーザーに対して、「アクセスキー ID」と「シークレットアクセスキー」が設定されます。
  この 2 つの値が認証のキーです。あとで aws コマンドに設定して使うので、これらのキーを
  コピー&ペーストして控えてください。シークレットアクセスキーは伏字になっていますが、
  ［表示］をクリックすると表示されます（図8-13)。もしくは、［.csv のダウンロード］を
  クリックして、CSV 形式でまとめてダウンロードすることもできます。

図 8-13　アクセスキー ID とシークレットアクセスキーを控える

- 控えたら［閉じる］をクリックして閉じてください。なおここで控えなかった場合、再度、
  確認することはできない（再発行するしかない）ので注意してください。

- 図 8-14 のように作成したユーザーが一覧として表示されます。

図 8-14　作成したユーザー

 Column　アクセスキー ID とシークレットアクセスキーを再発行する

　シークレットアクセスキーは、あとから確認できません。わからなくなったときは、再発行するしかありません。

　再発行するには、図 8-14 において、該当のユーザーをクリックします。［認証情報］タブに、［アクセスキー］という項目があるので、［アクセスキーの作成］をクリックすると、再発行できます（図 8-15）。

図 8-15　アクセスキー ID とシークレットアクセスキーを再発行する

　再発行したら、安全のため、紛失したアクセスキー ID は削除しておくとよいでしょう。なおアクセスキー／シークレットアクセスキーは、最大 2 つまで同時に有効化できます。

■ S3 バケットを作る

次に、動作確認用の S3 バケットを作成します。

【1】S3 のメニュー画面を開く

- AWS マネジメントコンソールのホーム画面から、S3 を開きます（図 8-16）。

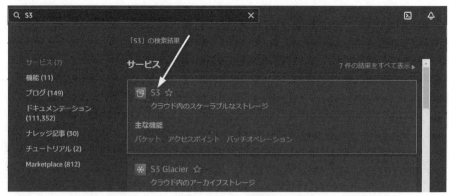

図 8-16　S3 を開く

【2】バケットを作成する

- S3 の紹介画面が表示されます。［バケットを作成］をクリックして、バケットを作成します（図 8-17）。

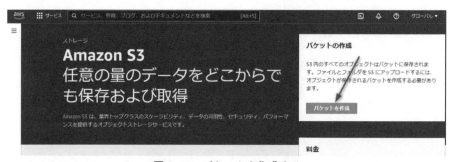

図 8-17　バケットを作成する

すでにバケットを作成済みの場合は、バケット一覧画面（後掲の図 8-20）が表示されます。この画面にも［バケットを作成］ボタンがあるので、同様に操作します。

【3】リージョンを決めて、バケットを作成する

- ［バケット名］の部分に、任意のバケット名を入力します。バケット名は、世界で唯一無二でなければなりません。ここでは「example-11223344」という名前を付けますが、これは筆者が作成したので、皆さんは同じ名前は付けられません。皆さんの好きな、他の AWS 利用者と重複しない名前を入力してください。以下の説明では、バケット名を、ご自分で付けた名前に読み替えてください。

- ［AWS リージョン］で、作成するリージョンを選択します。ここでは［アジアパシフィック（東京）ap-northeast-1］を選択します（図 8-18）。

- ほかの項目は、既定のままとし、一番下の［バケットを作成］をクリックします（図 8-19）。

S3 はリージョンサービスです。自動的にアベイラビリティゾーンによる冗長化が設定されるので、アベイラビリティゾーンを設定する入力項目はありません（なお、S3 には安価価格で利用できるオプションも提供されており、それを選ぶとアベイラビリティゾーンによる冗長がされないこともあります）。

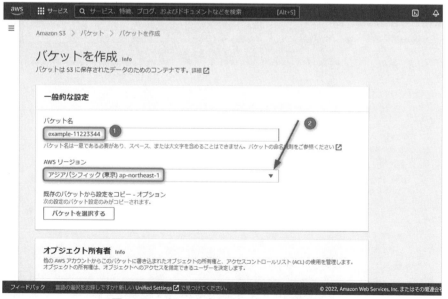

図 8-18　バケット名とリージョンを設定する

図 8-19　バケットを作成する

【4】バケットを確認する

- バケットが作成され、一覧が表示されます。このバケット一覧画面は、左側の［バケット］メニューから、いつでも開けます（図 8-20）。

図 8-20　バケットが作成された

● バケットの状態を確認するため、作成されたバケット名をクリックしてください。すると図 8-21 の画面が表示され、ここにファイルをドラッグ＆ドロップすると、アップロードできます。またアップロードされたファイルは、ここに表示されます。

図 8-21　バケットを開いて見たところ

■ AWS CLI にキーを設定する

　以上で、S3 バケットができました。この S3 バケットに、EC2 インスタンスからアクセスしてみましょう。

　ここでは、パブリック IP が割り当てられている EC2 インスタンスである mywebserver からアクセスしてみます。

　SSH や EC2 Instance Connect などで mywebserver に接続します。次のようにして、aws コマンドに対して、認証に必要なアクセスキー ID とシークレットアクセスキーを設定します。

◎ 操作手順 ◎　　　　アクセスキー ID とシークレットアクセスキーを設定する

【1】aws configure コマンドを実行する

- mywebserver に SSH などで接続したあと、コマンドラインから、aws コマンドに引数「configure」を指定して実行します。

```
$ aws configure
```

【2】アクセスキー ID、シークレットアクセスキー、既定のリージョン、既定の出力形式を設定する

- アクセスキー ID、シークレットアクセスキー、既定のリージョン、既定の出力形式が順に尋ねられるので入力します。

```
$ aws configure
AWS Access Key ID [None]: アクセスキーIDを入力
AWS Secret Access Key [None]: シークレットアクセスキーを入力
Default region name [None]: ap-northeast-1
Default output format [None]:
```

- アクセスキー ID とシークレットアクセスキーは、先ほど IAM ユーザーを作成したときに控えておいたものを指定します。
- 既定のリージョンは、aws コマンドを実行する際、「--region オプション」を指定しない場合の既定のリージョンとして使われるものです。ここでは東京リージョンを示す「ap-northeast-1」を指定しておきます。
- 既定の出力形式は、空欄のまま何も入力せずに Enter キーを押します。その場合、既定で JSON 形式が使われます。

> これらの設定値は、ホームディレクトリの .aws ディレクトリ以下に保存されます。

■ ファイル操作する

　これで、aws コマンドが使えるようになりました。aws コマンドの基本的な使い方は、次の書式です。

◎ aws コマンドの基本的な書式

```
aws サービス名 操作
```

S3 を操作するのであれば、次のように、サービス名は「s3」です。

◎ aws コマンドの S3 の操作書式

```
aws s3 操作
```

主な操作コマンドを、**表 8-1** に示します。

コピー元やコピー先などのファイル名・パス名において、S3 バケットを示すときには、次の書式で指定します。

◎ S3 バケットを示す書式

```
s3://バケット名/パス名
```

なお、すべてのコマンドは、「aws s3 help」のように、操作の部分に「help」を指定すると、オンラインマニュアルで確認できます。

表 8-1　S3 に関する主な操作コマンド

コマンド	意味
aws s3 cp コピー元 コピー先	ファイルをコピーする
aws s3 sync 同期元 同期先	フォルダやファイルを同期する
aws s3 mv 移動元 移動先	ファイルを移動する
aws s3 ls パス名	バケットに保存されているファイル一覧を取得する
aws s3 rm パス名	ファイルを削除する

これらのコマンドを使って、いくつかのファイルを操作してみます。

◎ 操作手順 ◎　　　　S3 のファイルを操作する

【1】EC2 インスタンスから S3 にファイルをコピーする

- EC2 インスタンス上で aws コマンドを実行して、適当なファイルを S3 にコピーします。どのようなファイルでもよいのですが、ここではコピーしても害がない、Linux のディストリビューション名が記載されている/etc/system-release ファイルをコピーしてみます。次の

コマンドを入力します。

◎ s3 cp コマンドの書式

```
aws s3 cp /etc/system-release s3://バケット名/
```

たとえば、バケット名が「example-11223344」であれば、次のように実行します。

```
aws s3 cp /etc/system-release s3://example-11223344/
```

成功すれば、次のようにファイルがアップロードされた旨のメッセージが表示されます。

```
upload: ../../etc/system-release to s3://example-11223344/system-release
```

【2】コピーされたことを確認する

● アップロードされたことを確認します。まずは、aws コマンドで ls コマンドを実行することで確認します。

```
aws s3 ls s3://example-11223344/
```

次のように、バケットに含まれているファイル一覧が表示されます（日付はファイルをアップロードした日時です）。

```
2022-08-03 11:30:38        31 system-release
```

● 次に、AWS マネジメントコンソール上でも確認しておきます。S3 バケットを開くと（場合によってはリロードすると）コピーしたファイルが見つかるはずです（図 8-22）。

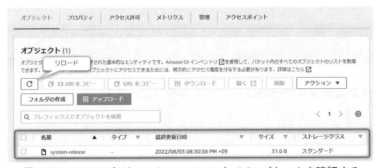

図 8-22　AWS マネジメントコンソール上で S3 バケットを確認する

■ API 呼び出しを理解する

このように aws コマンドを実行することで S3 にファイルをアップロードできることがわかりました。

このとき、どのような通信が発生しているのかを理解することが、以降の操作で VPC に穴を空けてアクセスできるようにするためのポイントです。

S3 に限らず、大半の AWS サービスは、API として提供されています。AWS は、サービス（そしてリージョン）ごとに異なる特定の URI でサービスごとに命令を待ち受けており、そこに命令を送り込むことで、さまざまな機能を実施します。aws コマンドは、こうした API を呼び出す代理のプログラムにすぎません。

サービスごとに命令を待ち受ける URI は、「サービスエンドポイント」と呼ばれており、その一覧は、以下にあります。

◎ サービスエンドポイントの一覧 URL

```
https://docs.aws.amazon.com/general/latest/gr/aws-service-information.html
```

S3 については、以下に記述されており、資料によれば、次の通りです（図 8-23）。またプロトコルは「HTTP」と「HTTPS」の両方に対応していると記述されています。

◎ S3 のサービスエンドポイントの URL

```
https://docs.aws.amazon.com/general/latest/gr/s3.html
```

◎ s3 のエンドポイント

```
・s3.ap-northeast-1.amazonaws.com
・s3.dualstack.ap-northeast-1.amazonaws.com
・account-id.s3-control.ap-northeast-1.amazonaws.com
・account-id.s3-control.dualstack.ap-northeast-1.amazonaws.com
```

S3 を操作する場合、これらの URI に HTTP または HTTPS でアクセスできなければなりません（aws コマンドでは「HTTPS」が使われます）。

パブリック IP を持たない EC2 インスタンスからは、これらの URI にアクセスできないので失敗します。それだけでなく、セキュリティグループやネットワーク ACL の設定で、これらのホストに対して HTTP や HTTPS の通信が許可されていない場合も、失敗します。

aws コマンドでのファイル転送がうまくいかないときは、このあたりを疑ってください。

Service endpoints

Amazon S3 endpoints

When you use the REST API to send requests to the endpoints shown in the table below, you can use the virtual-hosted style and path-style methods. For more information, see Virtual Hosting of Buckets.

Region Name	Region	Endpoint	Location Constraint	Protocol	Signature Version(s) Support
US East (Ohio)	us-east-2	Standard endpoints: • s3.us-east-2.amazonaws.com • s3-fips.us-east-2.amazonaws.com • s3.dualstack.us-east-2.amazonaws.com** • s3-fips.dualstack.us-east-2.amazonaws.com** • *account-id*.s3-control.us-east-2.amazonaws.com • *account-id*.s3-control-fips.us-east-2.amazonaws.com • *account-id*.s3-control.dualstack.us-east-2.amazonaws.com** • *account-id*.s3-control-fips.dualstack.us-east-2.amazonaws.com**	us-east-2	HTTP and HTTPS	Versions 4 only

図 8-23　S3 のエンドポイント（https://docs.aws.amazon.com/general/latest/gr/s3.html）

 Column　--debug オプションで通信先を確認する

　aws コマンドの末尾に「--debug」を付けると、標準エラー出力に、詳細なログを表示できます。

```
aws s3 cp /etc/system-release s3://example-11223344/ --debug
```

　出力したログのなかには、「どこに接続した」という情報があります。詳細なログで「endpoint」などの文字列で検索すると、次のような行が存在するのがわかります。これが S3 エンドポイントへの通信の正体です。

```
2022-08-05 23:52:11,172 - Thread-3 - botocore.endpoint - DEBUG - Making request for
OperationModel(name=PutObject) with params: {'body': <s3transfer.utils.ReadFileChunk
 object at 0x7f413d1671d0>, 'url': u'https://s3.ap-northeast-1.amazonaws.com/exa
mple-11223344/system-release', 'headers': {'Content-MD5': u'oIOWOPzVK37o8os4An8eXQ
==', 'Expect': '100-continue', 'User-Agent': 'aws-cli/1.18.147 Python/2.7.18 Linux/5
.10.118-111.515.amzn2.x86_64 botocore/1.18.6'}, 'context': {'auth_type': None, 'clie
nt_region': 'ap-northeast-1', 'signing': {'bucket': u'example-11223344'}, 'has_strea
ming_input': True, 'client_config': <botocore.config.Config object at 0x7f413d24f0d0
>}, 'query_string': {}, 'url_path': u'/example-11223344/system-release', 'method': u
'PUT'}
```

8-1-2 ゲートウェイエンドポイントでプライベート IP 環境から接続する

これまで説明してきたように、S3 はパブリック IP で提供されているサービスなので、プライベート IP 環境からは利用できません。

ここまで本書で構築してきたシステム構成では、プライベートなサブネット「privatesubnet」に配置した EC2 インスタンス「mydbserver」があります。この EC2 インスタンス上で、同様に aws コマンドに認証キーを設定して実行しても、次のようにエラーが表示されて S3 にアクセスできません。実際やってみるとわかりますが、相当待たされたあと、Connect timeout のエラーが発生します。これは S3 への経路がないのが理由です（図 8-24）。

```
$ aws s3 cp /etc/system-release s3://example-11223344/
upload failed: ../../etc/system-release to s3://example-11223344/system-release
Connect timeout on endpoint URL: "https://example-11223344.s3.ap-northeast-1.am
azonaws.com/system-release"
```

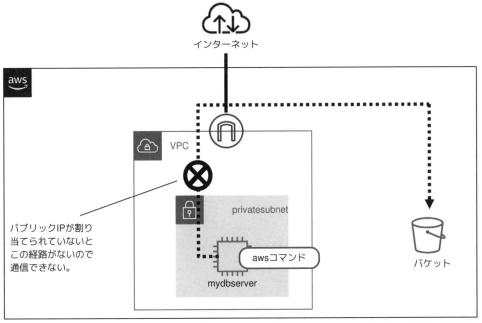

図 8-24 プライベート IP アドレスしか持たない EC2 インスタンスからは S3 サービスに接続できない

この問題を解決するには、一時的に NAT ゲートウェイなどを用意する方法もありますが、それには費用がかかります。費用をかけずに接続できるようにする良い方法として、ゲートウェイエンドポイントを使用する方法があります。

■ VPC エンドポイントとゲートウェイエンドポイント

VPC には、他のネットワークと接続する通過点を提供する「VPC エンドポイント」という仕組みがあります。VPC エンドポイントには、以下の 3 種類があります。

- インターフェイスエンドポイント
- Gateway Load Balancer エンドポイント
- ゲートウェイエンドポイント

このうちゲートウェイエンドポイントは、とても簡単なもので、AWS の「S3」もしくは「DynamoDB」に限って、特別な接続経路を提供する仕組みです。S3 のゲートウェイエンドポイントを作成すると、それを経由して、S3 に接続できます（図 8-25）。

> DynamoDB は、キーバリューストア型のデータベースサービスです。

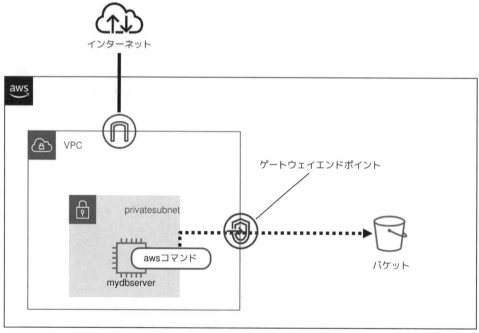

図 8-25　ゲートウェイエンドポイントを経由して S3 に接続する

■ ゲートウェイアクセスポイントの特徴

ゲートウェイアクセスポイントには、次の特徴があります。

① S3 への接続先はパブリックなまま

S3 への接続先（S3 サービスのエンドポイント）は、パブリックなまま変わりません。そのため、たとえばネットワーク ACL を構成してプライベート IP の範囲だけにアクセス制限してしまうと、接続できなくなるので注意してください。

② VPC に接続した別のネットワークからはアクセスできない

ゲートウェイアクセスポイントを経由して接続できるのは、VPC に直接接続されているホスト（VPC の CIDR ブロックから IP アドレスが割り当てられているホスト）に限られます。

のちに説明しますが、VPC には、別の VPC や AWS 以外のネットワークなど、他のネットワークを接続することもできます。そうして接続したネットワークからは、ゲートウェイアクセスポイントを経由した接続はできません。

③ ポリシーによるセキュリティ構成が可能

ゲートウェイアクセスポイントには、エンドポイントポリシーというアクセスポリシーを構成できます。本書では話を簡単にするため、フルアクセス権を設定しますが（後述の図 8-30 (2)）、「特定のバケットの読み取りしか許さない」というようなポリシーも構成できます。つまり、ゲートウェイアクセスポイントの部分で、セキュリティの構成が可能です。

④ 同一のリージョンのサービスに限られる

ゲートウェイアクセスポイントから接続できるのは、同一リージョンのサービスに限られます。

 Column　パブリックな IP からのアクセスを禁止する

S3 バケットで aws:SourceVpce ポリシーを構成すると、特定の VPC エンドポイントからしかアクセスできないように構成できます。

そうすればパブリックな IP アドレスからの接続を禁止し、VPC エンドポイントを経由したアクセスしかできないようになります。VPC から S3 バケットにアクセスするときは、こうしたセキュリティ設定もとり入れるとよいでしょう。

■ S3 へのゲートウェイエンドポイントを作成する

実際にやってみましょう。ここでは、いま示した図 8-25 のように privatesubnet に対して S3 ゲートウェイエンドポイントを構成します。そして privatesubnet 内の mydbserver という EC2 インスタンスから、aws コマンドを実行して、S3 にアクセスできることを確認します。

◎ 操作手順 ◎   S3 へのゲートウェイエンドポイントを作る

【1】エンドポイントを作り始める

- AWS マネジメントコンソールで［VPC］の画面を開きます。［エンドポイント］メニューをクリックし、［エンドポイントを作成］をクリックします（図 8-26）。

図 8-26　エンドポイントを作り始める

【2】エンドポイント名を入力する

- エンドポイント名を入力します。どのようなものでもかまいませんが、ここでは「my-s3-endpoint」としておきます（図 8-27）。ここでは S3 に接続するエンドポイントを作りたいので、［サービスカテゴリ］は、既定の［AWS のサービス］のままとしておいてください。

図 8-27　エンドポイント名を入力する

【3】接続先のサービスを選択する

● 接続先のサービスを選択します。たくさんあるので、テキスト欄に何か文字入力して、絞り
込みましょう。「gateway」と入力すると［タイプ：Gateway］と表示されるので、それを選
択します（図 8-28（1））。

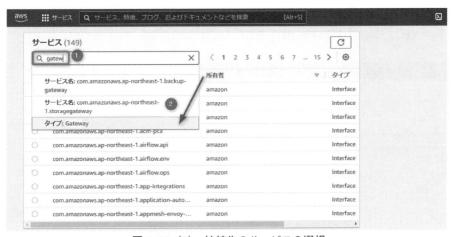

図 8-28（1）　接続先のサービスの選択

- すると［com.amazonaws.…略….dynamodb」と「同略….s3」の 2 つに絞り込まれるので、S3 のほうを選択し、［エンドポイントを作成］をクリックします（図 8-28（2））。

図 8-28（2） 接続先のサービスの選択

【4】VPC とサブネットの設定

- 最後に［VPC］の部分で、どの VPC に対して作成するか、そして、どのサブネット（アベイラビリティゾーン）からアクセスできるようにするかを決めます。まずは、［VPC］の部分で対象の VPC、ここでは「myvpc01」を選択します（図 8-29）。

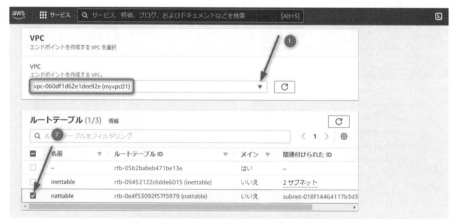

図 8-29 VPC とルートテーブルの選択

- するとルートテーブルが表示されるので、これから作成するゲートウェイエンドポイントへの経路（ルーティング）を作るルートテーブルを選びます。ここまでの流れでは、priavatesubnet は nattable というルートテーブルを使っているので、これを選びます。

【5】 ポリシーの設定とタグ

- ポリシーの設定やタグが尋ねられます。［ポリシー］については、ここでは話を簡単にするため、［フルアクセス］としますが、［カスタム］を選択すれば、どのようなアクセス（読み込みだけ、読み書き可能、特定のバケットだけ可能など）を許可するのかを決められます。
- タグは、設定したいキーと値のリストです。Name が自動で設定されます。それ以外は設定しないことにします。
- ［エンドポイントを作成］をクリックします（図 8-30（2））。

図 8-30（1） ポリシーにフルアクセスを選択

図 8-30（2） ［エンドポイントを作成］をクリック

【6】 ゲートウェイエンドポイントができた

- ゲートウェイエンドポイントができました（図 8-31）。

図 8-31　ゲートウェイエンドポイントができた

■ ルートテーブルを確認する

　設定はこれで終わりです。これでプライベート IP のサブネット「privatesubnet」から S3 へのアクセスができるようになりました。

```
$ aws s3 ls s3://example-11223344/
2022-08-03 11:30:38          31 system-release
```

　最後に、ゲートウェイエンドポイントを作成することによる、ルートテーブルの変更について補足しておきます。まずは、次の操作で、サブネットに設定されたルートテーブルを確認します。

1. ［サブネット］メニューからサブネット一覧を表示します
2. サブネット一覧から privatesubnet にチェックを付けて選択し、［ルートテーブル］タブを参照します。

　すると「pl-XXXXXXXX」という宛先が「vpce-XXXXXXXXXXXXXXXX」に設定されているのがわかります（図 8-32）。この vpce-XXXXXXXXXXXXXXXX が、作成したゲートウェイエンドポイントです。
　さらに「pl-XXXXXXXX」をクリックすると、その正体がわかります。クリックすると、［マネージドプレティックスリスト］が開きます。これは AWS が提供するサービスの IP アドレスのリストです。S3 のエンドポイントを提供する IP アドレスも、これに含まれています。つまり、

```
$ aws s3 ls s3://example-11223344/
```

と入力したときは、S3 のエンドポイントである「s3.ap-northeast-1.amazonaws.com」へのアクセスが発生するわけですが、これは pl-XXXXXXXX に登録されている AWS の IP アドレスの範囲にあるため、「vpce-XXXXXXXXXXXX」を経由してアクセスするという流れになるというわけです。

図 8-32　ルートテーブルを確認しておく

■ ゲートウェイエンドポイントの注意点

このようにゲートウェイエンドポイントを設定すれば、プライベート IP アドレスしか割り当て
られていないネットワークからも S3 (もしくは本書では触れていませんが DynamoDB) に接続で
きます。追加の費用もかかりません。

すでに特徴として説明済みで、繰り返しとなりますが、利用に当たっては、次の点に注意して
ください。

① 対応するのは S3 および DynamoDB のみ

本書の執筆時点において、対応するのは S3 および DynamoDB のみです。ほかのサービスに接
続する場面では利用できません。

② 同一リージョンへの通信しかできない

接続できる S3 や DynamoDB は、同じリージョンに存在するものに限られます。

③ VPC を別のネットワークにつないでいる場合、そのネットワークからの通信はできない

「8-2 VPC 同士を接続する」や「8-3 AWS 以外のネットワークと接続する」で説明しますが、
VPC は他のネットワークと接続することもできます。その場合、接続した先のネットワークから、

このゲートウェイエンドポイントを経由して、さらに S3 や DynamoDB に接続することはできません。

8-1-3 インターフェイスエンドポイントと PrivateLink

VPC エンドポイントには、ゲートウェイエンドポイント以外にあと 2 種類、「インターフェイスエンドポイント」と「Gateway Load Balancer エンドポイント」があります。後者は Column で紹介するとして、ここでは、インターフェイスエンドポイントについて説明します。

インターフェイスエンドポイントは、ひとことで言ってしまえば、さまざまなサービスに接続するための一種の NAT です。VPC 上に ENI を 1 つ作り、その ENI を通じて、さまざまなサービスに接続できます（図 8-33）。

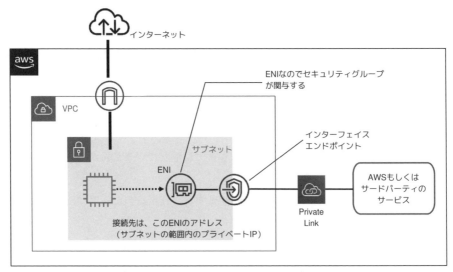

図 8-33 インターフェイスエンドポイント

インターフェイスエンドポイントと別のサービスとを接続するには、PrivateLink と呼ばれる仕組みが使われます。PrivateLink は、パブリックなネットワークを経由することなくサービスと接続する仕組みです。ここで言うサービスは、AWS のサービスとは限らず、サードパーティのサービスであることもあります。また必要であれば、自分で PrivateLink から接続できるサービスを作ることもできます（そのうちのひとつが、Column で紹介する Gateway Load Balancer エンドポイントです）。

図 8-33 にも示していますが、インターフェイスエンドポイントは ENI であり、重要な点が 2 つあります。

① 接続先が ENI になる

AWS サービスのエンドポイント——aws コマンドなどから接続するときのエンドポイント——が、いままでの「s3.ap-northeast-1.amazonaws.com」などではなく、ENI のアドレスに変わります。「s3.ap-northeast-1.amazonaws.com」などのパブリック IP 環境で接続するエンドポイントは、この ENI を指さず、依然としてパブリックなエンドポイントを指します。そのため aws コマンドを実行する際、明示的にエンドポイントをオプションとして設定しないと接続できません（その方法は、後述します）。

> インターフェイスエンドポイント（の ENI）が利用する IP アドレスは、サブネットの範囲内のものが 1 つ使われます。この IP アドレスは自動で割り当てられるもので、手動で設定することはできません。

② セキュリティグループが関与する

ENI は、セキュリティグループが関与します。AWS サービスは HTTP や HTTPS の API として構成されているとすでに説明しました。すなわち、ENI に適用するセキュリティグループが、HTTP や HTTPS の通信を通さない設定になっていると、正しく通信できません。

Column　Gateway Load Balancer インターフェイス

　Gateway Load Balancer は、VPC 上で動作する API などを開発したとき、その API を、他の VPC から呼び出せるようにする仕組みです。Gateway Load Balancer は、ロードバランサーという名前の通り、負荷分散装置です。この配下には EC2 インスタンスなどを配置します。
　Gateway Load Balancer に接続するには、VPC に Gateway Load Balancer エンドポイントを構成することで、ある VPC 上で動作している API を、別の VPC から呼び出せます（図 8-34）。

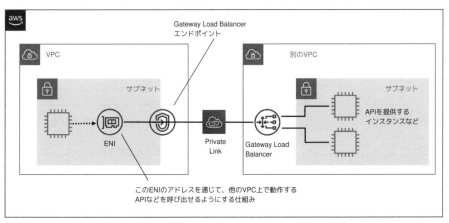

図 8-34　Gateway Load Balancer

■ インターフェイスエンドポイントの使いどころ

インターフェイスエンドポイントは、ゲートウェイエンドポイントと異なり、追加の費用がかかります。インターフェイスエンドポイントの稼働中は、利用時間 1 時間当たりで課金されますし、それとは別に転送量もかかります（本書執筆時点では、東京リージョンで 0.014 ドル/時間）。1GB 当たりの転送量もかかります（同 0.01 ドル/時間）。

ですから、S3 もしくは DynamoDB の場合は、ゲートウェイエンドポイントのほうが有利です。

それなら S3 や DynamoDB ではインターフェイスエンドポイントの利点はないのかというと、そういうわけでもありません。VPC と他のネットワークとをつなぎ、そのつないだ先から S3 やDynamoDB に接続したいときは、インターフェイスエンドポイントでないと実現できません。またインターフェイスエンドポイントには、ポリシーに加えてセキュリティグループも適用できるメリットもあります。

端的に言えば、ゲートウェイエンドポイントとインターフェイスエンドポイントの使い分けは、次のようにします。

① S3 や DynamoDB 以外のサービスに接続したい場合は、インターフェイスエンドポイントしか利用できない
② S3 や DynamoDB の場合は、ゲートウェイエンドポイントを使うほうがコスト的に有利
③ VPC につないだ先から S3 や DynamoDB にアクセスしたい場合は、インターフェイスエンドポイントを使う
④ セキュリティグループを適用したいときは、インターフェイスエンドポイントを使う

■ S3 へのインターフェイスエンドポイントを作成する

実際に、インターフェイスエンドポイントを利用する例を説明します。いま設定した S3 へのゲートウェイエンドポイントを削除して、インターフェイスエンドポイントを新たに作り直してみましょう。

> 以下の手順を実施してインターフェイスエンドポイントを作成すると、その段階で課金対象となるので注意してください。

◎ 操作手順 ◎　　　ゲートウェイエンドポイントを削除する

【1】 VPC エンドポイントを開く

- まずは作成済みのゲートウェイエンドポイントを削除します。［エンドポイント］メニューを開き、作成したゲートウェイエンドポイントをクリックします（図8-35）。

> ゲートウェイエンドポイントとインターフェイスエンドポイントは併用できるため、削除しなくてもかまいません。今回は残したままだと、どちらを経由しているのかわかりにくいので、いったん削除します。

図 8-35　VPC エンドポイントを開く

【2】 削除する

- 右上の［アクション］から［削除］をクリックして削除します（図8-36）。
- 確認画面が表示されたら、「削除」と入力して、［削除］をクリックします（図8-37）。

図 8-36　削除する

図 8-37　削除の確認

◎ **操作手順** ◎　　　　**インターフェイスエンドポイントを作成する**

【1】エンドポイントを作り始める

- 下準備が整ったので、エンドポイントを作っていきます。ゲートウェイエンドポイントを作成したときと同じように、［エンドポイント］メニューから［エンドポイントを作成］をクリックして、エンドポイントを作り始めます（前掲の図 8-26 参照）。

【2】エンドポイント名入力する

- エンドポイント名を入力します。どのようなものでもかまいませんが、ここでは「my-s3-interface-endpoint」としておきます（図 8-38）。S3 に接続したいので、［サービスカテゴリ］は、［AWS のサービス］のままとします。ここまでは、ゲートウェイエンドポイントを作るときと同じです。

図 8-38　エンドポイント名を入力する

【3】接続先のサービスを選択する

- 接続先のサービスを選択します。「s3」と入力して絞り込むと、次の4つが表示されるはずです。このうち、[タイプ] が [Interface] となっている「com.amazonaws.ap-northeast-1.s3」を選択します（図8-39）。

図 8-39　接続先のサービスの選択

「ap-northeast-1」と表示されるのは、AWS マネジメントコンソールにおいて、東京リージョンを操作しているからです。画面右上から他のリージョンに切り替えて操作すれば、そのリージョン名に変わります。

- com.amazonaws.ap-northeast-1.s3/Gateway

  S3 ゲートウェイエンドポイントです（「8-1-2　ゲートウェイエンドポイントでプライベート IP 環境から接続する」で扱ったものです）。

- com.amazonaws.ap-northeast-1.s3/Interface

  S3 サービスへのインターフェイスエンドポイントです。今回は、これを選びます。

- com.amazonaws.ap-northeast-1.s3-outposts/Interface

  オンプレミス環境に AWS インフラと同等のものを構築できる AWS Outposts と接続するためのもの。今回の構成では関係ありません。

  （https://aws.amazon.com/jp/outposts/）

- com.amazonaws.s3-global.accesspoint

  S3 Multi-Region Access Point と呼ばれるリージョンをまたぐデータセットへのアクセスを提供するもの。今回の構成では関係ありません。

  （https://docs.aws.amazon.com/AmazonS3/latest/userguide/MultiRegionAccessPoints.html）

【4】VPC の設定

- 最後に［VPC］の部分で、どの VPC に対して作成するか、そして、どのサブネット（アベイラビリティゾーン）に対して設置するのかを決めます。まずは、［VPC］で「myvpc01」を選択します（図 8-40（1））。

- サブネットを選択します。今回は、privatesubnet に構成したいと思います。本書の構成では、ap-northeast-1a に privatesubnet があるはずなので、それを選択します。［IP アドレスタイプ］は、［IPv4］を選択します（図 8-40（2））。

図 8-40（1）　VPC を選択する

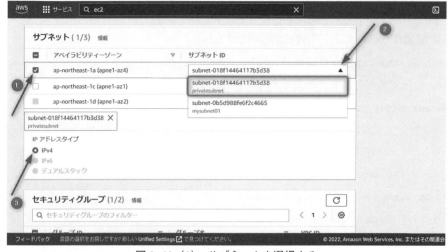

図 8-40（2）　サブネットを選択する

【5】 セキュリティグループの選択

- 作成するインターフェイス（ENI）に対するセキュリティグループを設定します。ここでは default セキュリティグループを設定しておきます（図 8-41 （1））。default セキュリティグループは、default セキュリティグループが設定されているもの同士が無条件で通信できるように構成されたセキュリティグループであるため、EC2 インスタンス（正確には EC2 インスタンスに設定されている ENI）に default セキュリティグループを設定していれば、このインターフェイスを通じた無制限の通信ができます。

AWS サービスの API は、HTTP および HTTPS を使って通信するため、ENI に対しては、これらのプロトコルを許可することが必要です。ここでは話を簡単にするため default セキュリティグループを設定しましたが、新たに、HTTP および HTTPS の通信を許可するセキュリティグループを作成して、それを設定するほうが、わかりやすいかもしれません。

【6】 ポリシーの選択とタグ

- 同じく図 8-41 （1）の画面でポリシーを選択します。ここでは ［フルアクセス］ にしておきます。
- タグは既定のままとし、画面一番下にある ［エンドポイントを作成］ をクリックします（図 8-41 （2））。

図 8-41 （1） セキュリティグループとポリシーの選択

図 8-41（2）　［エンドポイントを作成］ボタンをクリック

【7】 インターフェイスエンドポイントができた

- インターフェイスエンドポイントの作成が始まり、しばらくすると完了します（図 8-42）。作成には、数分かかります。ステータスが［保留中］から［使用可能］になるまで待ってください。

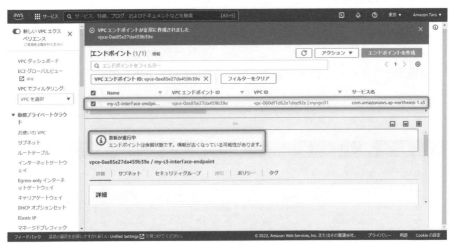

図 8-42　インターフェイスエンドポイントができた

■ インターフェイスエンドポイント URL を経由したアクセス

インターフェイスエンドポイントを利用する場合、単純に、aws コマンドを実行してもつながりません。

```
$ aws s3 cp /etc/system-release s3://example-11223344/
```

その理由は、aws コマンドの「S3」を操作する API の接続先は「s3.ap-northeast-1.amazonaws.com」であり、これはパブリック IP であるからです。

インターフェイスエンドポイントを経由してアクセスするには、--endpoint オプションを指定して、明示的に接続先をインターフェイスエンドポイントのホスト名としなければなりません。

作成したインターフェイスエンドポイントの URL は、「DNS 名」の部分で確認できます（図 8-43）。次のように 2 つありますが、どちらでもかまいません（もちろん、この値は、環境によって異なります）。

```
*.vpce-0ae85e27da459b39e-o01ue46k.s3.ap-northeast-1.vpce.amazonaws.com
*.vpce-0ae85e27da459b39e-o01ue46k-ap-northeast-1a.s3.ap-northeast-1.vpce.amazon
aws.com
```

図 8-43　インターフェイスエンドポイントの URL

この「*」を「bucket」に変更し、先頭に「https://」付けたものが、S3 のエンドポイントです。ですから、--endpoint オプションを指定して次のようにすれば、正しくつながります。

```
$ aws s3 cp /etc/system-release s3://example-11223344/ \
  --endpoint https://bucket.vpce-0ae85e27da459b39e-o01ue46k.s3.ap-northeast-1.
vpce.amazonaws.com
```

　「*」を何に置き換えるべきなのかは、操作対象によって異なります。エンドポイントによって異なるのでドキュメントを確認してください。S3 に関しては、次のドキュメントで確認できます。

◎ S3 に関するドキュメント

https://docs.aws.amazon.com/ja_jp/AmazonS3/latest/userguide/privatelink-interface-endpoints.html

---

Memo　プライベート DNS

　PrivateLink には、s3.ap-northeast-1.amazonaws.com などの本来の接続先の IP アドレスをインターフェイスエンドポイントの IP アドレスを返すように細工する「プライベート DNS」という機能があります。この機能を有効にすると--endpoint オプションを指定しなくても接続できるようになります（利用には、VPC に対して、DNS ホスト名を有効化するオプションを構成する必要があります）。ただし S3 の PrivateLink は、この機能をサポートしていません。

Column　インターフェイスエンドポイントの削除

　以上で、インターフェイスエンドポイントの実験は終わりです。作成したままだと課金されてしまうので、必要がなくなったら削除してください。

　ゲートウェイエンドポイントの削除と同様に、エンドポイントを選択して［VPC エンドポイントの削除］から削除できます（図 8-44）。

図 8-44　インターフェイスエンドポイントを削除する

8-2　VPC 同士を接続する

VPC は、別の VPC と接続することもできます。VPC 同士を接続する場合、その CIDR ブロックが重複しないことだけが条件です。この条件さえ満たせば、リージョンが異なっても接続できますし、他の AWS アカウントの VPC とも接続できます。

どの VPC と接続する場合でも、その通信をセキュアに保てます。

8-2-1　VPC 同士を接続する方法

VPC 同士を接続する方法は、大きく 4 つの方法に分けられます。

> VPC 同士を接続する方法の詳細は、「Amazon VPC-to-Amazon VPC connectivity options」というホワイトペーパーに記されています。ホワイトペーパーでは 6 種ありますが、本書では、VPN を使った接続方法をひとまとめにして 4 種としました。
>
> ◎ ホワイトペーパーの参照先
> https://docs.aws.amazon.com/whitepapers/latest/aws-vpc-connectivity-options/
> amazon-vpc-to-amazon-vpc-connectivity-options.html

① VPC ピアリング

VPC ピアリングは、2 つの VPC を互いに接続する方法です（図 8-45）。設定がとても簡単ですが、2 つ以上の VPC を接続する場合は、それぞれに接続設定をしなければならないので、設定が複雑で管理しにくくなりがちです（図 8-46）。オンプレミスのネットワークでは、「サブネット①とサブネット②」「サブネット②とサブネット③」とが接続されていてルーティングの設定が適切なら、サブネット①とサブネット③とも（サブネット②を経由して）接続できますが、VPC ピアリングでは、それはできません。サブネット①とサブネット③とで通信したいのであれば、その設定が必要であるため、ネットワーク数が増えると、その組み合わせの数だけ、VPC ピアリングの設定数が増えます。

VPC ピアリングの料金は、同一アベイラビリティゾーンであれば無料です。そうでない場合は、アベイラビリティゾーン間やリージョン間の通信料金がかかります。

図 8-45　VPC ピアリング

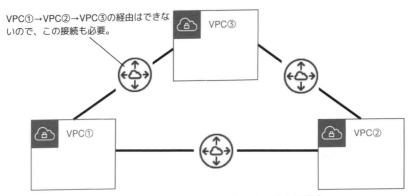

VPC①→VPC②→VPC③の経由はできな
いので、この接続も必要。

図 8-46　3 つ以上の VPC をピアリングする場合

② AWS Transit Gateway

Transit Gateway は、VPC のルーティング構成をコントロールし、どの VPC からどの VPC への
接続を許可するかを統合的に管理するサービスです。

リージョン間の通信をしたい場合は、それぞれのリージョンに Transit Gateway を構成して、互
いにピアリングするように構成します（図 8-47）。

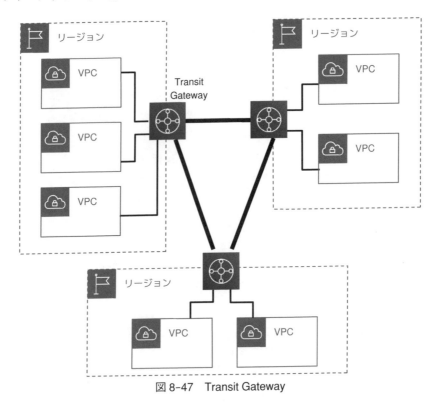

図 8-47　Transit Gateway

　VPC ピアリングを使う場合と違って、3 つ以上の VPC を接続する際も、Transit Gateway への設定だけで済みます。

　Transit Gateway は、稼働時間 1 時間当たりの料金と、処理データ 1GB 当たりの料金がかかります。

③ VPN 接続

　VPC には、VPN（Virtual Private Network）の通信をサポートする「仮想プライベートゲートウェイ（VGW）」という機能があります。VGW を VPC に配置し、VPN サーバーを構成したネットワークと接続します。

　VGW を利用して VPN を構成する方法を「AWS マネージド VPN」と呼びます。VPN 自体を実現する方法は、次のようにいくつかあります。なお、VGW には稼働時間 1 時間当たりの料金と、処理データ 1GB 当たりの料金がかかります。

- ソフトウェア VPN to AWS マネージド VPN

　　VPN サーバーソフトをインストールした EC2 インスタンスを用意して接続する手法（図 8-48）

- AWS マネージド VPN VPC-to-VPC ルーティング

　　AWS とは別のネットワークに VPN 対応ルーターや VPN 機能をインストールしたサーバーを構成して、それを経由して接続する手法（図 8-49）。

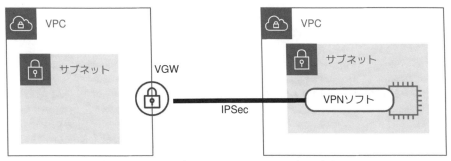

図 8-48　ソフトウェア VPN to AWS マネージド VPN

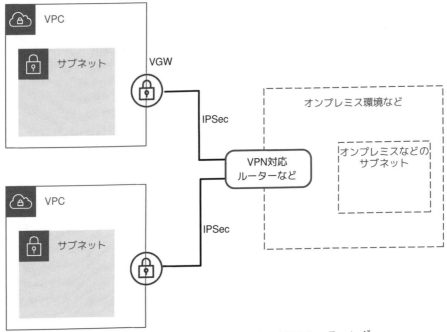

図 8-49　AWS マネージド VPN VPC to VPC ルーティング

　なお、VPN を用いた方法については、「8-3　AWS 以外のネットワークと接続する」で改めて説明します。

④ Gateway Load Balancer を構成する

　最後の方法は、p.275の Column でも説明した Gateway Load Balancer を構成する方法です。VPC 上に構成したシステム（とくに API）を、他の VPC から接続させたいときには、この方法を使います。

8-2-2　VPC ピアリングを体験する

　実際に、VPC 同士を接続するやり方を見ていきましょう。ここでは最も簡単な手法である VPC ピアリングを扱います。

■ テスト環境の構築

　ここでは、図 8-50 に示すテスト環境を作って、VPC ピアリングを体験します。

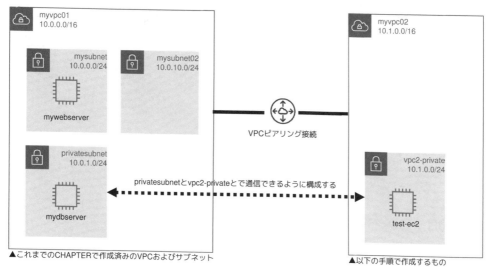

図 8-50　VPC ピアリングを体験するためのテスト構成

　左側の myvpc01 は、これまでの CHAPTER で作成している VPC およびサブネットです。

　以下の手順では、新たに右側の myvpc02 という VPC を作成し、そこに vpc2-private というサブネットを作ります。

　こうして作成したサブネット vpc2-private と既存の privatesubnet とで通信できるように構成します。

　そのためには、myvpc01 と myvpc02 との間で VPC ピアリング接続を構成します。そのあと、privatesubnet と vpc2-private のルートテーブルをそれぞれ変更して、VPC ピアリング接続を通るように構成します。

　サブネットを作るだけでは疎通確認しにくいので、作成した vpc2-private には、適当な EC2 インスタンス（test-ec2）も作成し、既存の privatesubnet 上の mydbserver から ping を実行することで、疎通を確認します。

　下記の手順では、すでに操作したことが多いので、VPC の作成やサブネットの作成、EC2 インスタンスの作成などの途中手順は、適宜、割愛します。詳細については、これまでの CHAPTER を参照してください。

◎ 操作手順 ◎　　　VPC を作成する

【1】VPC を新規作成する

- ［お使いの VPC］メニューから［VPC を作成］をクリックして、VPC を作成します（図 8-51）。

図 8-51　VPC を作成する

【2】 CIDR ブロックを設定して VPC を作成する

- 名前を入力します。ここでは「myvpc02」とします。
- CIDR ブロックは「10.1.0.0/16」とします。残りの項目は既定のままとして、VPC を作成します（図 8-52）。

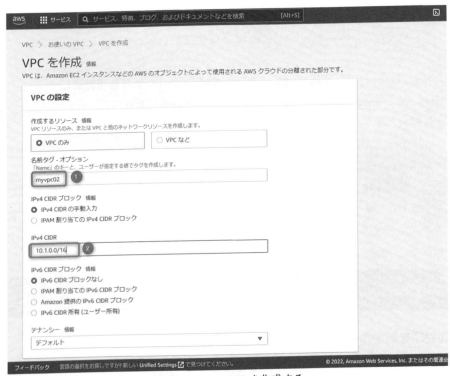

図 8-52　myvpc02 を作成する

◎ 操作手順 ◎ サブネットを作成する

【1】サブネットを新規作成する

- ［サブネット］メニューを開き、［サブネットを作成］をクリックして、サブネットを作成します（図 8-53）。

図 8-53　サブネットを作成する

【2】CIDR ブロックを設定してサブネットを作成する

- VPC を選択します。先に作成した「myvpc02」を選択します。
- サブネット名を入力します。「vpc2-private」とします。
- アベイラビリティゾーンは、「ap-northeast-1a」とします（余計な費用がかからないよう、今回互いに接続したい privatesubnet のアベイラビリティゾーンに合わせます）。
- CIDR ブロックは「10.1.0.0/24」とします。
- ［サブネットを作成］をクリックして、新規作成します（図 8-54）。

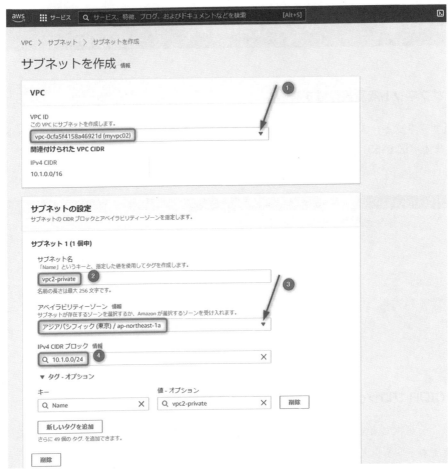

図 8-54　サブネットを新規作成する

◎ 操作手順 ◎　　　　EC2 インスタンスを作成する

【1】　EC2 インスタンスを新規作成する

- 疎通確認などをするため、いま作成したサブネット「vpc2-private」に、適当な EC2 イン
  スタンスを作成します。

- ［EC2］画面の［インスタンス］メニューをクリックしてインスタンス一覧画面を開き、［イ
  ンスタンスを起動］をクリックして、インスタンスの作成を始めます（図 8-55）。

図 8-55　インスタンスの作成を始める

【2】Amazon Linux 2 のインスタンスを新規作成する

- CHAPTER 3 を参考に、Amazon Linux 2 のインスタンスを新規作成します。インスタンスの名前は、「test-ec2」とします（図 8-56）。

図 8-56　test-ec2 という名前でインスタンスを作る

【3】サブネットの設定とセキュリティグループの設定

- キーペアは、すでに作成している「mykey」を選択します。

- ネットワークの設定では、myvpc02 の vpc2-private サブネットを選択します。パブリック
  IP は無効化しておきます（図 8-57）。

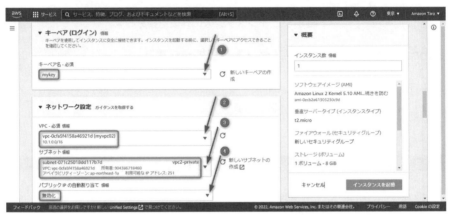

図 8-57　キーペアとサブネットの設定

- 今回は myvpc01 との疎通を確認したいので、［セキュリティグループを作成する］を選択し
  て、セキュリティグループを新規に作成します（図 8-58）。

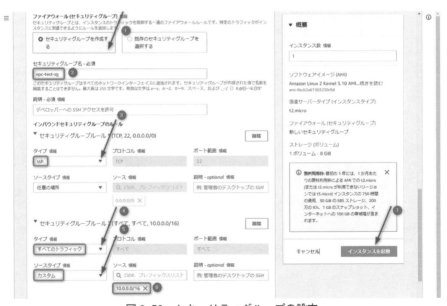

図 8-58　セキュリティグループの設定

- セキュリティグループ名は、なんでもよいのですが、「vpc-test-sg」としておきます。
- 既定の SSH による通信許可のほか、[セキュリティグループを追加]をクリックして、「すべてのトラフィック」を選択し、ソースタイプには「カスタム」、ソースとして、myvpc01 で使っている「10.0.0.0/16」を設定します。これで、myvpc01 からの通信をすべて受け付ける設定のセキュリティグループができます。

【4】EC2 インスタンスの作成を完了する

- 残りの部分は既定のままとし、[インスタンスを起動]をクリックして起動します。

【5】IP アドレスを確認しておく

- EC2 インスタンスが起動したら、あとで疎通確認に使うため、IP アドレスを確認しておきます（図 8-59）。

図 8-59　IP アドレスを確認しておく

■ VPC ピアリングを構成する

　次に、既存の「myvpc01」と、いま作成した「myvpc02」と接続する VPC ピアリングを構成します。

◎ 操作手順 ◎　　　　　VPC ピアリングを設定する

【1】VPC ピアリングの作成を始める

- VPC 画面の［ピアリング接続］メニューから［ピアリング接続を作成］をクリックして、ピアリングの作成を始めます（図 8-60）。

図 8-60　ピアリングの作成を始める

【2】ピアリングする VPC を選択する

- 「名前」には、ピアリングの設定名を入力します。なんでもよいのですが、ここでは、my-peer -01 としておきます。
- 接続元を「リクエスタ」の部分で選択します。ここでは「myvpc01」を選びます。
- 接続先を「アクセプタ」の部分で選択します。ここでは「myvpc02」を選びます。
- その他の部分は既定のままとし、［ピアリング接続を作成］をクリックします（図 8-61）。

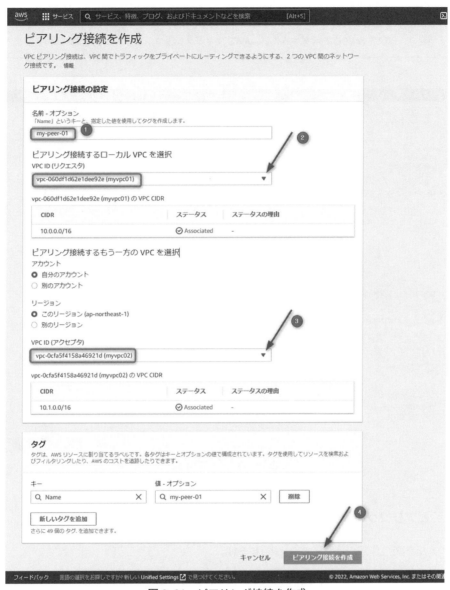

図 8-61　ピアリング接続を作成

【3】ピアリングを受け入れる

- ピアリングは、リクエスタからアクセプタへの要求として作成されます。要求を受け入れるため、［アクション］メニューから［リクエストを承諾］をクリックします（図8-62）。

- 確認画面が表示されたら、［リクエストを承諾］をクリックします（図8-63）。

ここでは自分の VPC に接続しようとしているため、自身が承認する流れとなりますが、他人の VPC に接続する場合は、接続先の VPC を所有する人が、AWS マネジメントコンソールから承認の操作をします。

図 8-62　リクエストを承諾する

図 8-63　承諾の確認

【4】　ピアリングの作成完了

- ピアリングの作成が完了します（図 8-64）。

図 8-64　ピアリング作成の完了

■ ルートテーブルの変更

　VPC ピアリングは、VPC と VPC とを配線したにすぎません。実際に通信できるようにするには、通信したいサブネットに対してルートテーブルの編集が必要です。

　つまり、今回の構成では、次の設定が必要です。

> 　以下では、VPC の CIDR ブロック全体をルーティングする構成としていますが、サブネットだけしか通信しないのであれば、それぞれのサブネット、つまり、「10.1.0.0/24」や「10.0.1.0/24」を設定するのでもかまいません。

【myvpc01（10.0.0.0/16）における privatesubnet のルート設定】

・myvpc02 が利用している 10.1.0.0/16 への通信が、VPC ピアリングを通過するように構成する。

【myvpc02（10.1.0.0/16）における vpc2-private のルート設定】

・myvpc01 が利用している 10.0.0.0/16 への通信が、VPC ピアリングを通過するように構成する。

◎ 操作手順 ◎　　　　サブネットのルートテーブルを編集する

【1】 privatesubnet のルートテーブルを開く

● ［サブネット］から［privatesubnet］を選択し、［ルートテーブル］タブを開いて、ルートテーブルのリンクをクリックします（図 8-65）。

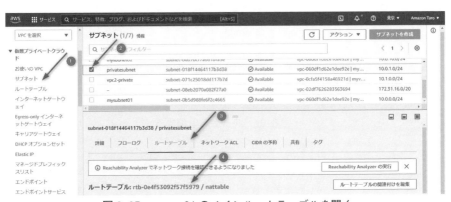

図 8-65　myvpc01 のメインルートテーブルを開く

【2】ルートテーブルを編集する

- サブネットで利用しているルートテーブルが開くので、［**アクション**］メニューから［**ルートを編集**］をクリックして、ルートを編集します（図 8-66）。

図 8-66　ルートを編集する

【3】myvpc02 へのルートを追加する

- ［**ルートを追加**］をクリックして、ルートを追加します（図 8-67）。
- 入力欄が追加されたら、［送信先］として myvpc02 のネットワークアドレスである「10.1.0.0/16」、［ターゲット］として［ピアリング接続］を選択し、作成されたピアリング接続を選び、［変更を保存］をクリックします（図 8-68）。

図 8-67　ルートを追加する

図 8-68　ピアリング接続へのルートを追加する

【4】vpc2-private のルートテーブルを開く

- 同様にして vpc2-private のルートテーブルを編集します。［サブネット］メニューから
［vpc2-private］を選択し、ルートテーブルのリンクをクリックします（図 8-69）。

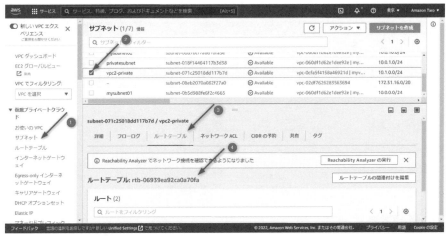

図 8-69　myvpc02 のメインルートテーブルを開く

【5】ルートテーブルを編集する

- ルートテーブルが開くので、［アクション］メニューから［ルートを編集］をクリックして、
ルートを編集します（図 8-70）。

図 8-70　ルートを編集する

【3】myvpc01 へのルートを追加する

● 先ほどと同様に、［ルートを追加］をクリックして、myvpc01 へのルートを追加します。［送信先］は myvpc01 のネットワークアドレスである「10.0.0.0/16」、［ターゲット］では［ピアリング接続］から作成されたピアリング接続を選びます。［変更を保存］をクリック（図8-71）。

図 8-71　ルートを設定する

■ 疎通を確認する

以上でピアリングの設定は完了です。疎通を確認しましょう。

privatesubnet 上の mydbserver に SSH で接続して、そこから vpc2-private に属する EC2 インスタンスである test-ec2 に ping を打って、疎通を確認します。test-ec2 の IP アドレスは、p.295の図 8-59 で確認済みなので、それに対して、次のように ping を入力します。応答が戻ってきて、疎通確認できるはずです。

　この段階では、逆に test-ec2 から mydbserver への ping は失敗します。なぜなら、mydbserver に設定して
いるセキュリティグループが ICMP プロトコルを許可していないからです。ping を通したい場合は mydbserver
に設定しているセキュリティグループに対して ICMP プロトコルを許可する（もしくは、myvpc02 からの通
信すべてをプロトコルに関係なく許可する）という設定が、追加で必要です。

```
$ ping 10.1.0.170
PING 10.1.0.170 (10.1.0.170) 56(84) bytes of data.
64 bytes from 10.1.0.170: icmp_seq=259 ttl=255 time=0.400 ms
64 bytes from 10.1.0.170: icmp_seq=260 ttl=255 time=0.486 ms
64 bytes from 10.1.0.170: icmp_seq=261 ttl=255 time=0.634 ms
…略  Ctrl ＋ C キーで停止…
```

Column　　Reachability Analyzer で確認する

　ネットワークを構成したとき、何が原因で疎通できないのかを確認するのに役立つのが、
「Reachability Analyzer」です。［ネットワーク分析］―［Reachability Analyzer］から開けます。
　Reachabiliry Analyzer では、「送信元」「送信先」を設定すると（さらに必要であればプロト
コルなども設定）、疎通ができるかどうか、できないとしたら、何が原因なのかを分析してくれ
ます（図 8-72、図 8-73）。

図 8-72　送信元や送信先などを登録する

図 8-73　分析結果

　Column　VPC フローログ

　VPC フローログは、ネットワークインターフェイスをモニタリングして、実際に、どこから
どこに通信がされたかを確認する機能です。モニタリングの結果は、S3 バケットに保存して、
あとで解析できます。

　いわばオンプレミスネットワークにおいて、パケットキャプチャを仕掛けてトラブルシュー
ティングするような機能です。ネットワークで何かトラブルが発生したときの解決策として、
こうした手法があることを知っておくとよいでしょう。

◎ VPC フローログ

https://docs.aws.amazon.com/ja_jp/vpc/latest/userguide/flow-logs.html

8-3　AWS 以外のネットワークと接続する

　VPC は、オンプレミス環境や Azure や Google Cloud などの別のクラウドと接続することもできます。

8-3-1　AWS 以外のネットワークと接続する方法

　VPC を AWS 以外のネットワークと接続する主な方法としては、図 8-74 に示す 3 つが挙げられます。

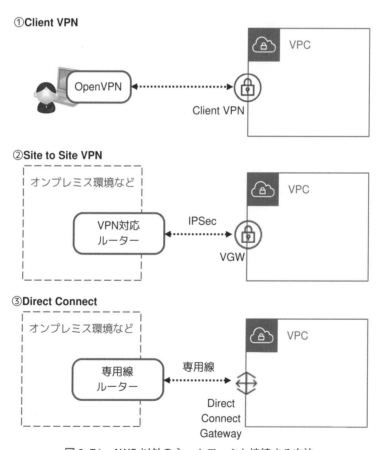

①**Client VPN**

②**Site to Site VPN**

③**Direct Connect**

図 8-74　AWS 以外のネットワークと接続する方法

① Client VPN

OpenVPN というソフトウェアを利用して、1 台のコンピュータを VPC に接続します。

② Site to Site VPN

IPSec プロトコルを用いて、他の拠点のネットワークを VPC に接続します。

③ Direct Connect

AWS のデータセンターに専用線を引き込んで接続します。

①はクライアントのリモートアクセスを目的としたものです。1 台のコンピュータしか接続できないので、ネットワーク同士を接続するという用途には使えません。

②は IPSec 対応のルーターを設置して、インターネット回線で暗号化して通信することで接続するものです。手軽に使える反面、インターネット回線では速度が安定しなかったり、切れてしまったりすることもあります。

③は専用線を引くもので、事前準備が必要ですし高価です。物理的な配線の手配が必要であるため、AWS マネジメントコンソールからの操作だけでは完了せず、AWS とのやりとりが必要です。実際に Direct Connect を利用するときは、AWS パートナー企業に相談して進めていくことになるでしょう。

上記の理由から、本書では、比較的手軽に使える②の Site to Site VPN で VPC 同士を接続する方法を説明します。この方法は、VPC とオンプレミスネットワークを接続するだけでなく、Azure や Google Cloud など、別のクラウドサービスと接続するときにも使えます。

8-3-2　Site to Site VPN の概要

Site to Site VPN では、VPC 側に「仮想プライベートゲートウェイ（VGW）」を配置します。そして接続先となるオンプレミス側（もしくは他のクラウドサービス側）には、IPSec 対応のルーターを設置します。このルーターを示す AWS 上から見た仮想的な接続先のことを「カスタマーゲートウェイ」と呼びます（簡単に言うと、カスタマーゲートウェイは、オンプレミス環境上で受け入れる固定 IP アドレスなどを保持するコンポーネントです）。

VPN 接続の構成を作ると、Cisco や Fortinet、Juniper や Yamaha などの主要なルーター機器用の設定ファイルをダウンロードできます。この設定をルーターに適用すれば、VPC と接続できます（図 8-75）。

Site to Site VPN では、ルーティングを決めておく「静的なルーティング」と、BGP を使った「動的なルーティング」が選べます。動的なルーティングとして構成しておき、かつ、サブネットのルート設定において［ルート伝達］を有効にしておけば、ルーティングが自動的に設定されるた

め、ルーティングの設定を明示的に行う必要はありません。

> Azure や Google Cloud などのクラウドと接続するときは、Azure や Google Cloud などに、VGW に似た、IPSec 対応のコンポーネントを構成します。具体的には、Azure の場合は「仮想ネットワークゲートウェイ」、Google Cloud の場合は「Classic VPN」や「HA（High Availability）VPN」などを Site to Site VPN からの接続先として構成します。

> BGP（Border Gateway Protocol）とは、ネットワーク同士が互いに経路情報を交換しあうプロトコルです。それぞれのネットワークは、自律システム（Autonomous System：AS）と呼ばれ、「AS 番号（AS Number：ASN）」と呼ばれる番号で区別されます。インターネットと接続するときは AS 番号の申請が必要ですが、VPN で利用する場合は、Amazon デフォルトの AS 番号を使うので申請は必要ありません。

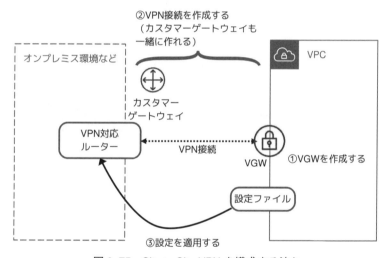

図 8-75　Site to Site VPN を構成する流れ

8-3-3　Site to Site VPN を体験する

それでは、Site to Site VPN を体験してみましょう。

ここでは、myvpc01 をオンプレミスのネットワーク環境と接続してみます。オンプレミスのネットワーク環境は 192.168.0.0/24 とします。オンプレミス側の IP アドレスは、静的な IP アドレスでなければなりません（図 8-76）。

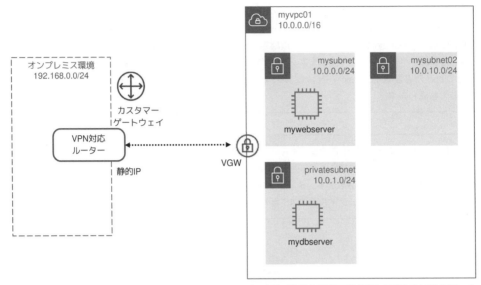

▲これまでのCHAPTERで作成済みのVPCおよびサブネット

図 8-76　Site to Site VPN の構成例

◎ **操作手順** ◎　　　**Site to Site VPN を構成する**

【1】仮想プライベートゲートウェイを作る

- VPC 画面の［仮想プライベートネットワーク（VPN）］の下にある［仮想プライベートゲートウェイ］メニューをクリックして開きます。右上の［仮想プライベートゲートウェイを作成］をクリックします（図 8-77）。

図 8-77　仮想プライベートゲートウェイを作成する

【2】名前を付けて保存する

- 仮想プライベートゲートウェイに名前を付けます。ここでは「my-vgw01」とします。自律システム番号（ASN）は、［Amazon デフォルト ASN］のままにしておきます。［仮想プライベートゲートウェイを作成］をクリックして作成します（図 8-78（1））。
- 仮想プライベートゲートウェイが作成されます（図 8-78（2））。

図 8-78（1） 仮想プライベートゲートウェイを作成する

図 8-78（2） 仮想プライベートゲートウェイが作成された

309

【3】VPC にアタッチする

- 作成された仮想プライベートゲートウェイを選択し、［アクション］メニューから［VPC へアタッチ］を選択します（図 8-79（1））。

- ［myvpc01］を選択して、［VPC へアタッチ］をクリックします（図 8-79（2））。

図 8-79（1）　VPC にアタッチする

図 8-79（2）　アタッチ先の VPC を選択する

【3】VPN 接続を作成する

- ［Site-to-Site VPN 接続］メニューをクリックして開き、右上の［VPN 接続を作成する］をクリックします（図 8-80）。

図 8-80　VPN 接続を作成する

【4】 名前、仮想プライベートゲートウェイ、カスタマーゲートウェイを設定する

- ［名前］の部分に、任意の名前を入力します。ここでは「my-vpn01」とします（図 8-81）。

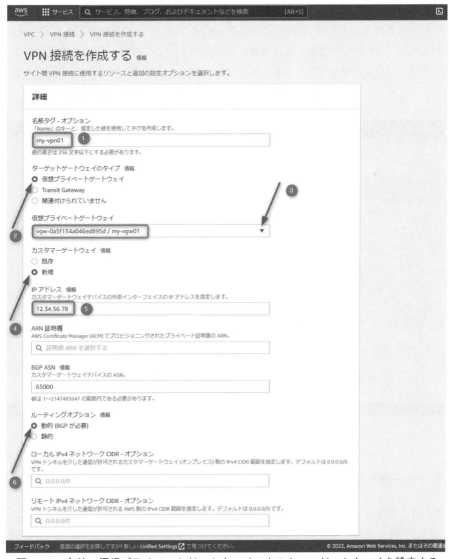

図 8-81　名前、仮想プライベートゲートウェイ、カスタマーゲートウェイを設定する

- ［ターゲットゲートウェイのタイプ］では［仮想プライベートゲートウェイ］を選択し、先ほど作成した仮想プライベートゲートウェイを選択します。

- ［カスタマーゲートウェイ］は、［新規］を選択します。「IP アドレス」には、接続を受ける
  ルーターのインターネット側の IP アドレスを設定します。［ARN 証明書］は空欄でよく、
  ［BGP ASN］も既定のままでかまいません。またルーティングオプションは、ここでは［動
  的（BGP が必要）］とします。
- ［ローカル IPv4 ネットワーク CIDR］と［リモート IPv4 ネットワーク CIDR］は、それぞれ
  オンプレミス側で利用している IP アドレス範囲と VPC 側のアドレス範囲を示します。空欄
  のままだと、「自分以外のすべて」が転送されるので、ここでは空欄のままにしておきます。
- 残りの部分は既定のままとし、一番下の［VPN 接続を作成する］をクリックします（図 8-82）。

図 8-82　VPN 接続を作成する

【5】 ルーター側を設定する

- AWS 側の設定は、これで完了です。次にルーター側を設定します。
- 作成した VPN 接続を選択し、［設定をダウンロードする］をクリックします（図 8-83）。
- ベンダーやプラットフォームなどの選択肢が表示されます。利用しているルーターを選び、
  ［ダウンロード］をクリックします（図 8-84（1））。
- 設定のテキストファイルがダウンロードできるので、その設定をルーターに適用します。

図 8-83　設定をダウンロードする

図 8-84（1）　ベンダーなどを選びダウンロードする

【6】接続を確認する

- オンプレミスなどのルーター側から、IPSec で接続できたことを確認します。たとえば筆者が所有する Yamaha のルーターの場合、図 8-84（2）の画面で確認できました。

- ［Site-to-Site VPN 接続］のメニューから［my-vgw01］を選択し、画面下部の［トンネルの詳細］タブをクリックします。2 つの Tunnel の［ステータス］が「Up」であることを確認します。これで接続できています（図 8-84（3））。

　VPN 接続は、オンプレミス側のファイアウォールや NAT の設定のほか、MTU などのネットワーク側の要因など、さまざまな要因で接続できないことがあります。接続できないときは、利用しているルーターの IPSec に関するドキュメント、場合によっては、ルーターのメーカーが提供している AWS との設定例なども参照してください。AWS からも、各メーカー向けのカスタマーゲートウェイデバイスのトラブルシューティングが提供されています

◎ カスタマーゲートウェイデバイスのトラブルシューティング
https://docs.aws.amazon.com/ja_jp/vpn/latest/s2svpn/Troubleshooting.html

---

図 8-84（2）　ルーター側で IPSec での接続ができたことを確認する

図 8-84 (3) Tunnel のステータスが Up であることを確認する

【7】 ルートテーブルを開く

- 疎通はできましたが、ルート情報が設定されていないため、まだ通信できません。BGP の ルーティング情報を VPC にも適用する設定をしていきます。
- 利用したいサブネットのルートテーブルを開きます (図 8-85)。

図 8-85 ルートテーブルを開く

【8】ルート伝播を開く

- ルートテーブルが開いたら、[アクション] メニューから [ルート伝播の編集] をクリックします（図 8-86）。
- ルート伝播の [有効化] にチェックを付けて [保存] をクリックします（図 8-87）。

図 8-86 [ルート伝播の編集] をクリック

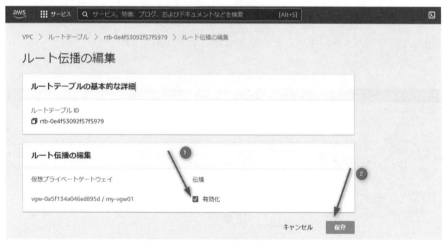

図 8-87 ルート伝播を有効にする

以上で設定完了です。VPC と他のネットワークとが接続できたはずです。SSH で接続したり、curl コマンドで接続したり、ping コマンドで接続したりして動作確認してください。

なお VPC 上のインスタンス群は、セキュリティグループが効いていることに、改めて注意してください。とくに既定では ICMP プロトコルが許可されていませんから、ping コマンドは失敗します。

Column　VGW を削除する

　VGW は、NAT ゲートウェイなどと同じく、作成している間、ずっと課金されます。動作確認を終えたら削除してください。

　[仮想プライベートゲートウェイ]のメニューから、削除したい仮想プライベートゲートウェイを選択し、[アクション]メニューから、[VPC からデタッチ]を選択して、デタッチします。

　その後、[アクション]メニューから[仮想プライベートゲートウェイを削除]を選択すると、削除できます（図 8-88）。

　また同様にして、[Site to Site VPN 接続]メニューから VPN 接続（図 8-89）、[カスタマーゲートウェイ]メニューからカスタマーゲートウェイも削除しておきましょう（図 8-90）。

図 8-88　仮想プライベートゲートウェイを削除する

図 8-89　VPN 接続を削除する

図 8-90　カスタマーゲートウェイを削除する

> 　VPN 接続を作り直すと、AWS 側で接続を受け入れる静的 IP が変わります。そのためオンプレミス側のルーターにおいて、IPSec の設定変更が必要になります。

 Column　VPC Ingress Routing

　ルート情報は一般に VPC やサブネットに設定するものですが、「VPC Ingress Routing」という機能によって、インターネットゲートウェイや仮想プライベートゲートウェイにも設定できます。これらに設定するルート情報のことを「エッジアソシエーション」と呼びます。

　エッジアソシエーションを構成すると、そこを通るパケットを横取りして、別のネットワークに流すことができます。具体的には、IDS などのセキュリティアプライアンスが存在するネットワークに全部流して、データをスキャンするようなネットワーク構成がとれます。

◎ VPC Ingress Routing

https://aws.amazon.com/jp/blogs/news/new-vpc-ingress-routing-simplifying-
integration-of-third-party-appliances/

8-4　まとめ

　この CHAPTER では、VPC と AWS のサービスや他のネットワークと接続する方法を説明しました。

① 非 VPC サービスとの接続

- S3 などの非 VPC サービスと接続する場合、通常、パブリック IP が必要です。
- パブリック IP を持っていないサブネットから通信したいときは、ゲートウェイエンドポイントまたはインターフェイスエンドポイントを使います。
- S3 や DynamoDB の場合はゲートウェイエンドポイントを使うのが簡単です。
- インターフェイスエンドポイントを構成すると、VPC 上に、それぞれのサービスに通信するための ENI が作られ、そのインターフェイスを経由してアクセスできます。
- aws コマンドでは、インターフェイスエンドポイントを経由するため、--endpoint オプションの指定が必要です。

② VPC 同士の接続

- 1 対 1 の接続であれば、VPC ピアリングが簡単です。他の AWS 利用者の VPC とも接続できます。
- 複数の VPC を接続したいのであれば、経路を統括管理できる Transit Gateway が便利です。
- 実際に通信するには、ルートテーブルを編集し、作成した VPC ピアリングを通るように構成しなければなりません。

③ VPC と AWS 以外のネットワークとの接続

- VPN を使う方法と専用線を使う方法（Direct Connect）があります。
- VPN を使う場合は、オンプレミス環境に IPSec 対応のルーターを設置します。AWS 側では、VGW とカスタマーゲートウェイを作成します。ルーターの設定ファイルをダウンロードして適用します。
- BGP を選べば、ルート情報は自動で交換されます。それをサブネットに適用するため、［ルート伝達］を有効にします。

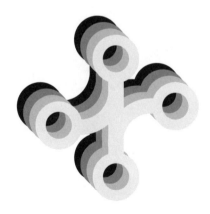

○─ 索引 ─○

● 著者プロフィール

大澤 文孝（おおさわ ふみたか）

技術ライター／プログラマー、情報処理資格としてセキュリティスペシャリスト、ネットワークスペシャリストを取得。Web システムの設計・開発とともに、長年の執筆活動のなかで、電子工作、Web システム、プログラミング、データベースシステム、パブリッククラウドに関する書籍を多数出版している。著書は、100 冊以上。主な著書として、『かんたん理解 正しく選んで使うためのクラウドのきほん』（共著：マイナビ出版）、『さわって学ぶクラウドインフラ　docker 基礎からのコンテナ構築』（共著：日経 BP）、『Amazon Web Services 基礎からのネットワーク＆サーバー構築　改訂 3 版』（共著：日経 BP）、『ゼロからわかる Amazon Web Services 超入門』（技術評論社）、『AWS Lambda 実践ガイド 第 2 版』（インプレス）などがある。

● お断り

　IT の環境は変化が激しく、Amazon Web Services の展開するパブリッククラウドの世界は、最も変化の激しい先端分野の一つです。本書に記載されている内容は、2022 年 8 月時点のものですが、サービスの改善や新機能の追加は、日々行われているため、本書の内容と異なる場合があることは、ご了承ください。また、本書の実行手順や結果については、筆者の使用するハードウェアとソフトウェア環境において検証した結果ですが、ハードウェア環境やソフトウェアの事前のセットアップ状況によって、本書の内容と異なる場合があります。この点についても、ご了解いただきますよう、お願いいたします。

● 正誤表

　インプレスの書籍紹介ページ https://book.impress.co.jp/books/1122101027 からたどれる「正誤表」をご確認ください。これまでに判明した正誤があれば「お問い合わせ／正誤表」タブのページに正誤表が表示されます。

● 技術協力

志田 隼人

● スタッフ

AD ／装丁：岡田 章志＋ GY

本文デザイン／制作／編集：TSUC LLC

図版制作：プロトコード／ TSUC LLC

本書のご感想をぜひお寄せください

https://book.impress.co.jp/books/1122101027

読者登録サービス **CLUB IMPRESS**　アンケート回答者の中から、抽選で図書カード（1,000円分）などを毎月プレゼント。
当選者の発表は賞品の発送をもって代えさせていただきます。
※プレゼントの賞品は変更になる場合があります。

■商品に関する問い合わせ先

このたびは弊社商品をご購入いただきありがとうございます。本書の内容などに関するお問い合わせは、下記のURLまたは二次元バーコードにある問い合わせフォームからお送りください。

https://book.impress.co.jp/info/

上記フォームがご利用いただけない場合のメールでの問い合わせ先
info@impress.co.jp
※お問い合わせの際は、書名、ISBN、お名前、お電話番号、メールアドレスに加えて、「該当するページ」と「具体的なご質問内容」「お使いの動作環境」を必ずご明記ください。なお、本書の範囲を超えるご質問にはお答えできないのでご了承ください。

●電話やFAX でのご質問には対応しておりません。また、封書でのお問い合わせは回答までに日数をいただく場合があります。あらかじめご了承ください。
●インプレスブックスの本書情報ページ https://book.impress.co.jp/books/1122101027 では、本書のサポート情報や正誤表・訂正情報などを提供しています。あわせてご確認ください。
●本書の奥付に記載されている初版発行日から3年が経過した場合、もしくは本書で紹介している製品やサービスについて提供会社によるサポートが終了した場合はご質問にお答えできない場合があります。

■落丁・乱丁本などの問い合わせ先
FAX　03-6837-5023
service@impress.co.jp
※古書店で購入された商品はお取り替えできません。

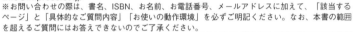

（エーダブリュウエス）（ニュウモン ダイニハン）
AWSネットワーク入門 第2版

2022年10月21日　初版第1刷発行

著者　　大澤 文孝（おおさわ ふみたか）

発行人　小川 亨

編集人　高橋隆志

発行所　株式会社インプレス
　　　　〒101-0051 東京都千代田区神田神保町一丁目105番地
　　　　ホームページ https://book.impress.co.jp/

印刷所　　大日本印刷株式会社

ISBN978-4-295-01542-0　C3055

Printed in Japan